INTEGRATED DRAWING TECHNIQUES:DESIGNING INTERIORS WITH HAND SKETCHING,SKETCHUP AND PHOTOSHOP

SketchUp & Photoshop

室内手绘设计

【美】罗伯特·菲利普·戈登（Robert Philip Gordon）/ 著
张臻　蔡海玲 / 译

版权登记号：01-2017-3536

图书在版编目（CIP）数据

SketchUp & Photoshop 室内手绘设计／（美）罗伯特·菲利普·戈登（Robert Philip Gordon）著；张臻，蔡海玲译. — 北京：中国青年出版社，2018.7
书名原文：Integrated Drawing Techniques:
Designing Interiors with Hand Sketching, SketchUp and Photoshop
ISBN 978-7-5153-5072-1

I.①S…　II.①罗…　②张…　③蔡…　III. ①室内装饰设计－计算机辅助设计－应用软件　IV. ①TU238.2-39

中国版本图书馆CIP数据核字（2018）第064428号

策划编辑　张　鹏
责任编辑　张　军
封面设计　彭　涛

SketchUp & Photoshop 室内手绘设计

【美】罗伯特·菲利普·戈登（Robert Philip Gordon）/ 著　张臻　蔡海玲 / 译

出版发行：中国青年出版社
地　　址：北京市东四十二条21号
邮政编码：100708
电　　话：（010）50856188／50856199
传　　真：（010）50856111
企　　划：北京中青雄狮数码传媒科技有限公司
印　　刷：湖南天闻新华印务有限公司
开　　本：889 x 1194　1/16
印　　张：14
版　　次：2018年8月北京第1版
印　　次：2018年8月第1次印刷
书　　号：ISBN 978-7-5153-5072-1
定　　价：128.00元

本书如有印装质量等问题，请与本社联系
电话：（010）50856188 / 50856199
读者来信：reader@cypmedia.com
投稿邮箱：author@cypmedia.com
如有其他问题请访问我们的网站：http://www.cypmedia.com

目　录

扩展目录

PART III

前　言

设计师在设计工作中会遇到很多情况，包括确认问题、理清功能，以及生成空间平面图。从概念开始，设计要经历不同的发展阶段。在当今社会，设计工作比以往任何时候都更需要多种图形绘制技能的综合应用，包括手绘和数字成像两种技术，以及综合使用这两种技术和其他专业技能的能力。

近年来，数字渲染的新技术使许多三维（3D）建模和渲染软件操作更简单、运行更迅速、价格更实惠，比如SketchUp和Photoshop。我认为，最好的学习方法是基于项目的学习，在设计项目过程中掌握这些技术。本书将采用手绘草图的形式进行概念设计。这意味着我们并不是要学习手绘草图、数字制图、空间规划和概念设计之间的差别，而是要将这些技术综合运用于整个设计过程。本书将带领大家探索绘图和设计融合所需的各种技术。

我们可以综合使用手绘草图技术和计算机软件进行设计，比如SketchUp和Photoshop软件，但前提是我们要知道这些软件的独特之处，何时以及如何使用这些软件。本书将以众多案例为基础，介绍一种通过双手和计算机软件融合绘画和设计的方法，将众多技能融合作为设计过程中的一部分。我相信，如果设计师能够充分发挥出综合运用手绘草图和数字技术的优势，并竭力完善设计以及与客户的沟通，其设计水平将不断提升。

有人说，只有采用双手绘制草图和渲染，才能做出好的设计，因为这个过程直接将大脑和设计直觉相连接。还有人说，不使用数字渲染技术，就难以跟得上时代。但是，我们为什么要做这个选择呢？您完全可以综合运用这两种方法。

本书将展示如何综合运用这三种技术，并提供练习示例。本书针对已经掌握一定绘画和透视基础知识的读者，当然，书中也会简要介绍这些技术。书中还将对比展示手绘图形与计算机制作的图像。此外，书中还展示了如何综合运用手绘草图、SketchUp建模和Photoshop渲染技术提升演示效果，以及这些技术在家居空间设计中的应用方法。

本书结构：如何使用本书

在第一部分中，本书首先讲述和回顾了基本的手绘技术，先以黑、白和灰色绘画，然后进行着色。这一部分还展示了如何在家居设计中应用手绘草图。

第二部分介绍可以与手绘草图相结合使用的数字技术。示例展示了如何运用手绘草图与数字技术，例如SketchUp和Photoshop，开发简单的家居设计。

在第三部分中，将综合运用手绘技术和数字技术进行设计和演示。我们将研究单户房屋、联排别墅、公寓和多用途建筑，详细探讨家居空间规划和家具布置等各方面内容。

第四部分探讨家居设计、景观与周边环境之间的关系，包括商业和交通需求。综合使用手绘草图、SketchUp和Photoshop，以及拍摄照片和谷歌地图展示周边环境规划。

书中还配有由著名国际艺术家完成的家居和混合设计项目画廊，展示他们所采用的绘图技术。这些图形在相应章节的末尾展示，读者可以看到这些技术在专业实践中的应用效果。

致　谢

这本书能够最终出版，得益于我从很多专业和学术领域的同事那里吸取的经验，以及我的学生对我的鞭策，因为他们经常问一些很难回答的问题。特别感谢为本书艺术馆提供作品的同事们：

• George Pappageorge
• Jean-Paul Viguier
• Ken Schroeder
• Patrick Rosen（为场地建模提供了建议）
• Daniel Heckman（我的研究生）

这些同事的作品已经达到了最高的专业技能水准，他们能够同意将作品收录在本书中，是我莫大的荣幸。

还要感谢新城市主义大会（Congress for the New Urbanism）主席John Norquist，他帮忙审阅了与城市化相关的章节，提供了非常宝贵的建议。特别感谢芝加哥哥伦比亚学院（Columbia College chicago）艺术与设计系的Joclyn Oats教授，她一直支持和鼓励我完成这本书。还要感谢芝加哥Architech Gallery的所有者David Jameson，他同时也是学术著作Ianelli的作者，他的画廊展示过我的作品。非常感谢在本书出版之前审阅这本书的同事们，你们的润色加工无疑帮我完善了这本书。

我还要感谢我的妻子，Nancy Turpin，她阅读了本书的所有草稿，并检查了所有图片，一直给予我鼓励和灵感。在这本书的出版全过程，Bloomsbury Publishing（布卢姆斯伯里出版社）的Joe Miranda和Edie Weinberg一直是很棒的合作者。

赠 言

谨以此书献给我的儿子，

热爱绘画和制作的Alex Gordon。

PART I

手绘与渲染：工具、材质与技术

第一部分主要讲解了手绘技巧的应用，包括第1章中铅笔和钢笔的应用，还包括第2章中彩色铅笔、马克笔和水彩画的概述，以及第3章介绍的简单的透视构图方法。这些图像将会与后续章节中使用的计算机图像相对比，并且这些手绘图像也可以以数字格式导入使用。

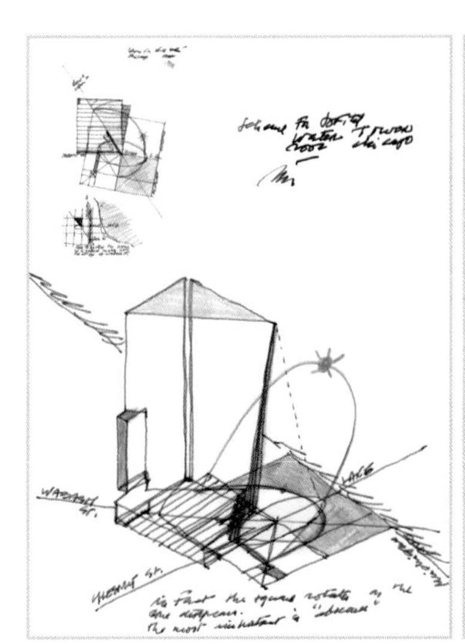

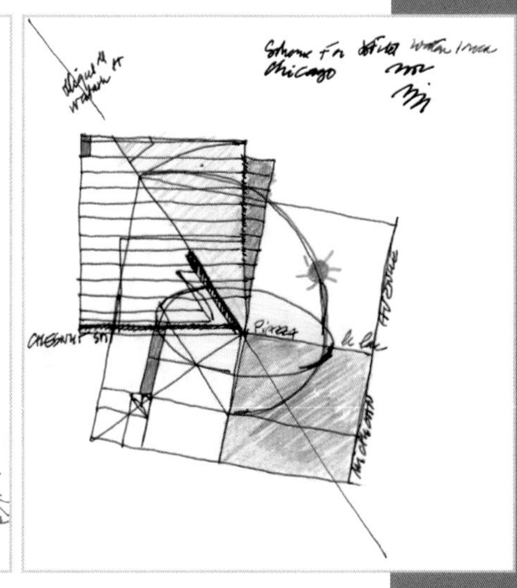

CHAPTER 1

手绘图形：铅笔和钢笔

目标

- 熟练使用铅笔、钢笔和马克笔，快速、准确创建富有表现力的线条。
- 放松心灵、身体和双手。
- 提升使用铅笔、钢笔和马克笔的能力，从而快速、准确地创建出富有表现力的线条图。
- 学习使用图纸和草图与客户沟通。

概述

本章展示了可以使用的不同类型的铅笔、钢笔和马克笔。我们将探索在线稿图上渲染阴影的技术，并演示如何单独或组合使用这些技术进行绘图和设计。介绍这些内容主要是为了对比手绘图形与计算机生成的图像，重点不在于介绍绘画的方法。

绘制简单线条

手绘图形首先从一条用铅笔或钢笔绘制的简单的黑线开始。大多数设计师和建筑师都会使用这类简单的工具开始他们的概念设计。设计师往往会根据自己的个性和能力，逐渐发展形成个人风格，从而扩大作品的知名度。潦草的涂画、餐巾纸或黄金素描纸上的草图、削尖的老式木制铅笔、钢笔或快速绘图钢笔，这些都是设计师工具包中的物品。

客户之所以愿意欣赏手绘的草图，是因为它显示了未完成的设计，客户可以参与塑造。这种方式通常有助于在设计师和客户之间建立良好的关系，这种关系可以在预算、绘图和施工整个过程中得以维系。客户将永远记得这个刚开始拿着钢笔画了几条不确定的线条来进行概念设计的人。本书中的技术都是针对最终作品的，草图本身并不是艺术品，而是一个整体沟通的策略。

每天练习绘图，每天完成一张图纸，能迅速提高包括初学者在内的素描水平。选择一支铅笔或钢笔，以及大小合适的平板电脑，比如6至9英寸的Strathmore绘图垫，随身携带，随时可以开画。咖啡馆其实是绘图的好地方（参见图1.16~图1.20的示例）。

图1.1 铅笔。这些铅笔很常用，也很容易买到：自动铅笔，笔尖为0.5mm的Koh-i-noor速绘铅笔，2H或H规格；办公室常用Waterman铅笔；2号木制铅笔；935号Prismacolor黑色铅笔。

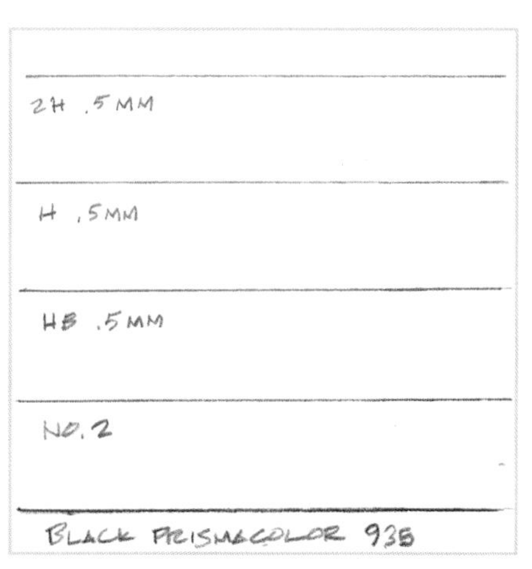

图1.2a 铅笔线条宽度。2H, 0.5mm；H, 0.5mm；HB, 0.5mm；2号木制铅笔；Prismacolor黑色铅笔。

图1.2b 软铅笔。用于绘制渐变阴影。

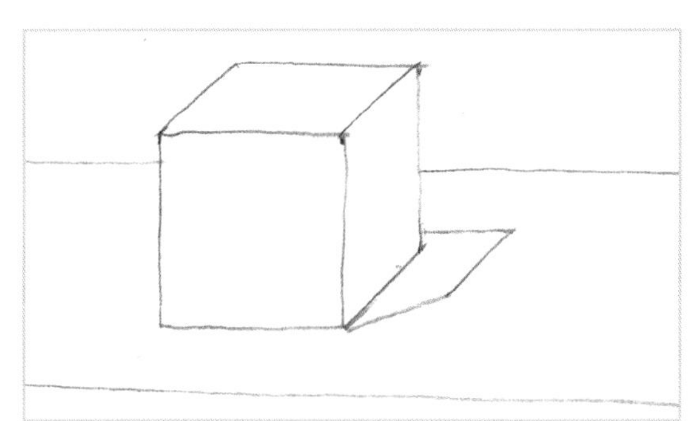

图1.3 使用木制铅笔绘制的立方体轮廓。

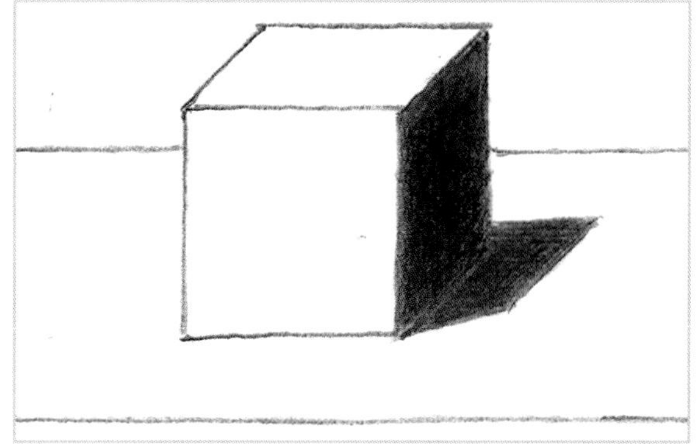

图1.4 使用Prismacolor铅笔绘制的立方体黑白面。

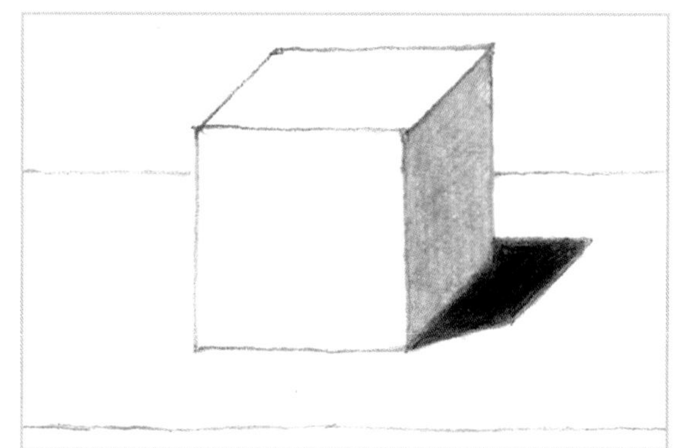

图1.5 立方体的黑、白和灰面。使用2号木制铅笔和Prismacolor铅笔绘制出投射的阴影。

图1.6 **毡头笔。**这些钢笔比较常用也容易买到：Pilot Razor细笔；Paper Mate Flair中细笔；Sharpie永久马克笔；Lamy水笔；Staedtler永久超细、细、中细、粗笔。

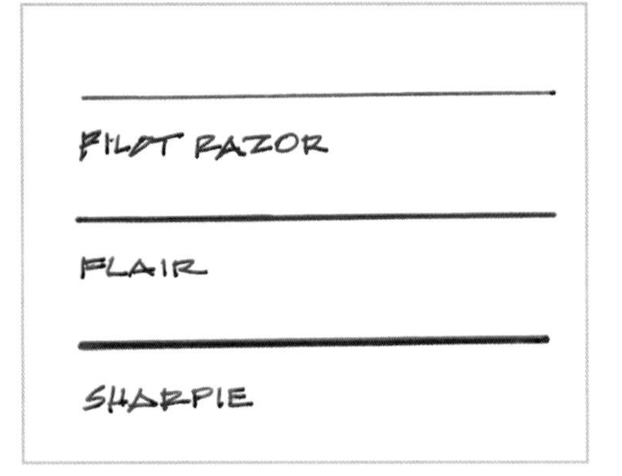

图1.7 毡头笔线条。

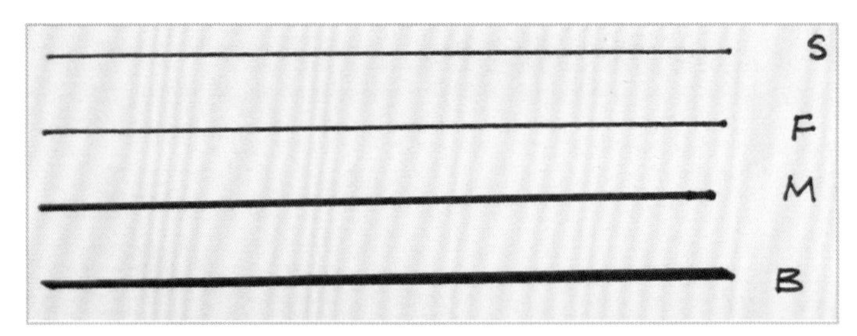

图1.8 **Staedtler毡头笔线条：**超细、细、中细、粗。

图1.9 **Micron毡头笔线条：**Micron 01至08号。

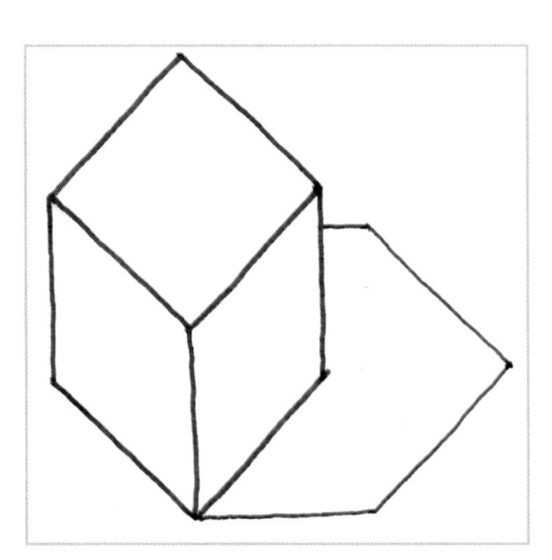

图1.10 中细Flair钢笔绘制的立方体轮廓。

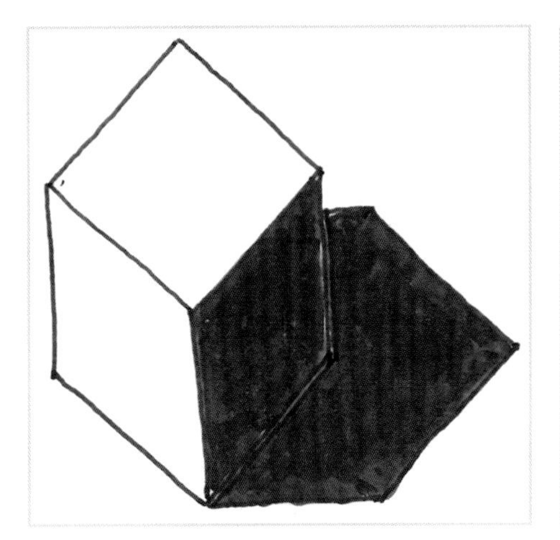

图1.11 Flair钢笔绘制的立方体的黑白面。

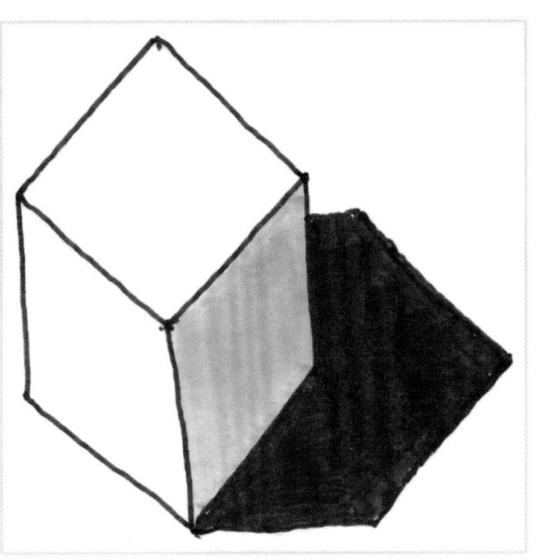

图1.12 立方体的黑、白、灰。使用Flair钢笔绘制轮廓和投影，暖灰色；使用中细（5号）Prismacolor马克笔绘制阴影面。

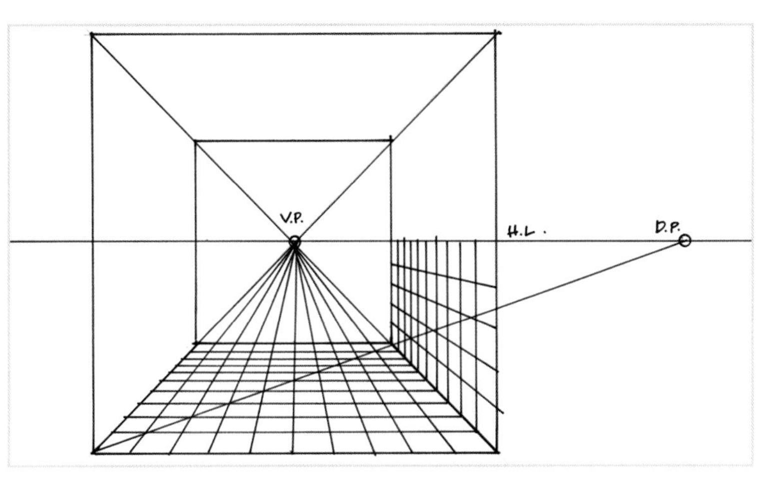

图1.13 使用Flair钢笔添加网格后立方体的内部。本图也演示了如何构建简单的室内透视图。

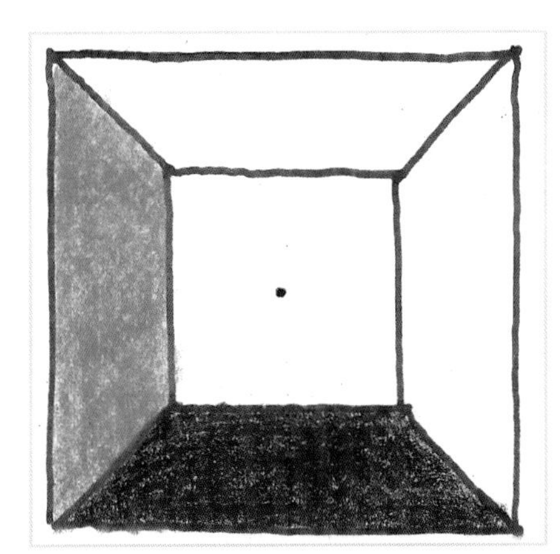

图1.14 立方体的黑、白、灰面阴影的内部。使用Flair钢笔绘制轮廓，使用Prismacolor铅笔添加阴影：阴影面使用French灰色50%铅笔，使用黑色绘制最暗的投影。

图1.15 Rapidograph钢笔，2.5号，India墨水（译者注：这是一种墨水品牌），以及Strathmore纸和包装袋。India墨水是一种非常暗、永久性的黑色墨水，其对比度很好，尤其是在平滑的印刷纸上。但是，这些钢笔容易堵塞，因此需要经常清洗。

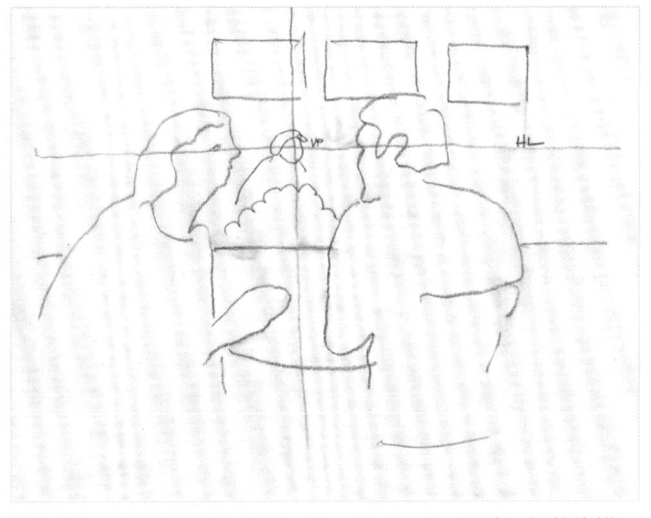

图1.16a 咖啡厅里的夫妇，Mouffetard，巴黎。铅笔素描。用铅笔勾出大致轮廓，注意眼睛位置的水平线。

图1.16b 用钢笔绘制的图像。

图1.16c 着色渲染的图像。

图1.17 巴黎拥挤的咖啡厅，钢笔绘制。

图1.18 巴黎Rostand咖啡厅，钢笔绘制。

图1.19 “找工作”，钢笔绘制。在咖啡厅中查阅Le Figaro招聘广告。

要记得为绘制的图像添加标题、日期，并签上名，这些将成为你的私人日记。要留意周围人的评价，这样可以知道为素描设计添加什么样的注释内容。还要记录下对当前正在开展的项目的想法，这样以后可以在工作中应用。

图1.20 正在写作和幻想的女孩，钢笔绘制，巴黎。

关键词

木制铅笔：使用老式2号木制铅笔手绘草图。

自动铅笔：使用Technical钢笔、Pentel或Rapidograph钢笔和India墨水手绘草图。

各种线宽：线条是由铅笔、钢笔、马克笔或其他书写工具绘制的标记。在图中应用各种宽度的线条能够让图形更加生动。

练习

1. 在开始绘图之前，伸展身体并深呼吸。这将有助于放松身心。

2. 随时随地随意涂鸦。不要求涂鸦一定有含义。

3. 启用每日素描本。每天在日常生活中至少绘制一张素描。

4. 记录你看到的内容，并将它们绘制到素描本中。

艺术馆

这是由巴黎Jean-Paul Viguier和芝加哥SMNG的Ken Schroeder建筑设计师推荐的线稿图。这些是由世界领先的设计和技术领域专业人士绘制的图纸，他们同样是从简单、优雅的手绘草图开始构思整个项目的（参见图注了解更多细节）。

巴黎Jean-Paul Viguier建筑师

Jean-Paul Viguier的习作中，包含了许多复杂的建筑技术。他首先在素描本中以优雅的线条草图开始，有时会使用彩色铅笔进行优化。

Jean Paul Viguier，作者Laurent Greilsamer，2013年由Tallandier出版社出版，这是一本关于绘图的图书，收录了这位著名的法国建筑设计师创作建筑作品所用的图形。这本书阐明了在开发高度复杂的建筑中，手绘草图的重要性。Viguier在书中解释了为何在计算机时代仍然要在设计过程中继续使用草图。

以下是书中的草图：

图G1.2 C3D总部。

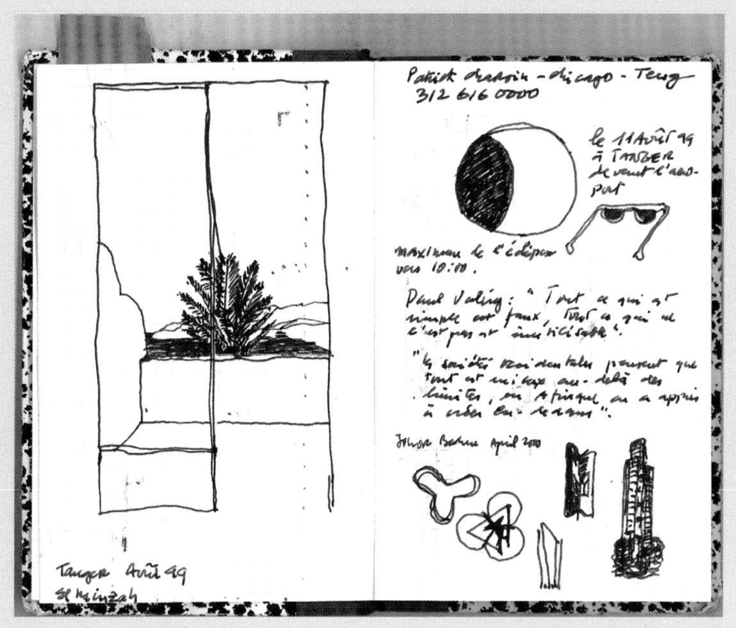

图G1.1 “绘画是建筑设计师的书法”。太阳镜、风景和其他物体的素描。

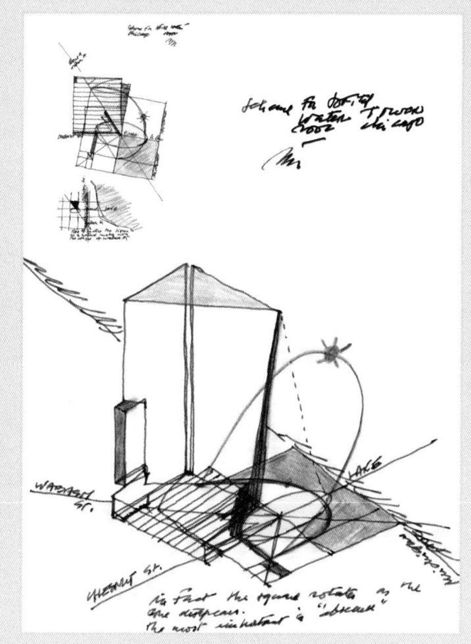

图G1.3 芝加哥索非特酒店。太阳升起落下的图示。

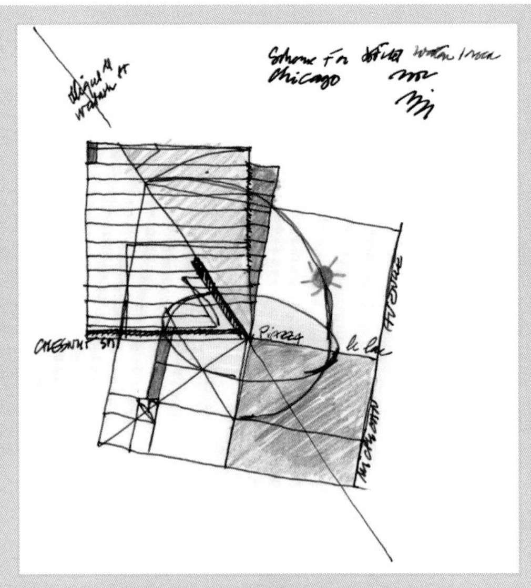

图G1.4 芝加哥索非特酒店。位置图示。

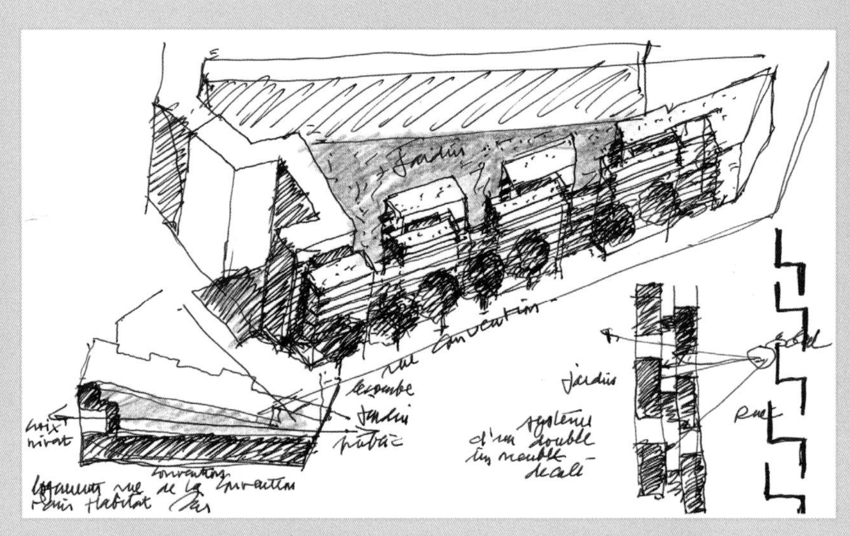

图G1.5 巴黎第15区的中高层住宅。偏移视角以形成最大的可见视图。

图G1.6 大都会酒店19。从地面仰视楼间通道的素描。

图G1.7 加尔桥考古博物馆的弯曲小道。将博物馆和停车场连接到古罗马水道。

图G1.8 法国圣丹尼SFR、法国燃气公司。街道立面与露台。

图G1.9 巴黎雪铁龙公园。四座喷泉连成一排。

图G1.10 法国西南部的医院。

图G1.11 太阳升起落下示意图；法国里昂商业中心。

SMNG建筑设计师

SMNG建筑设计师Ken Schroeder设计了很多学校和公共场所建筑。他最终的建筑作品的灵感均来自于最初简洁的单线条草图，此处以及第2章将会展示他的部分草图。

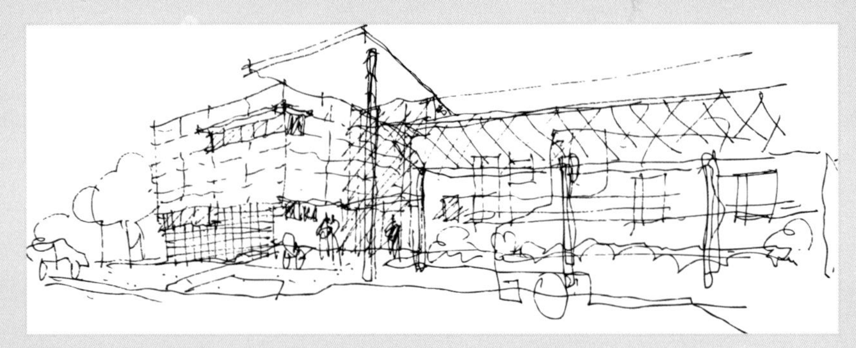

图G1.12 兰斯顿·休斯小学（Ken Schroeder授权使用）

图G1.13 兰斯顿·休斯小学（照片由John Faier授权使用）

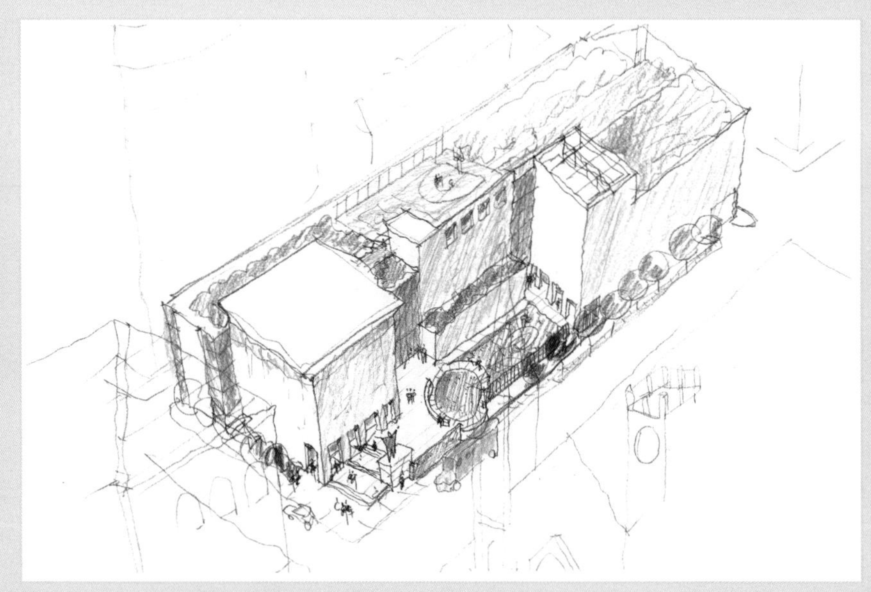

图G1.14 奥格登国际学校（Ken Schroeder授权使用）

CHAPTER 2

彩绘和渲染：综合使用多种彩色媒介

目标

- 探索各种可用的彩色介质，包括马克笔、彩色铅笔和水彩笔。
- 展示如何综合使用这些彩色介质。

概述

本章将探讨可用的各种彩色介质，比如彩色铅笔、马克笔和水彩笔，并介绍如何使用马克笔和彩色铅笔，演示综合使用这些彩色画笔的方法。马克笔具有一定的平滑度和覆盖效果，彩色铅笔可以用来表现纹理，并且马克笔可以用来混合颜色，能使画面的部分区域色彩更加饱和。

绘制和着色渲染的多项技术

随着绘图日益熟练，你可能会想要更高级别的着色渲染效果，想为线稿图纸添加上颜色，让绘画更加丰富多彩和活泼生动。颜色的选择可能会引起争议，因为没有任何严格的规定什么样的配色方案能让人满意。当然，还是存在与色彩相关的理论的，包括色相环、色彩系统和各种设计理论。纸张上呈现的色彩和电脑屏幕上显示的光线的色彩是有所区别的。本书虽然不讨论色彩理论，但色彩会影响到我们所做的一切。很多图书都有介绍色彩理论，建议大家系统地学习一下。本章我们将展示有哪些可用的工具，以及如何应用这些工具为线稿图创造出丰富的着色渲染效果。

下面，就让我们详细了解可用的工具，以及这些工具的使用方法。首先，我们会介绍彩色铅笔，彩色铅笔是为图纸上色的最简单而且最便宜的工具。Prismacolor品牌的彩色铅笔质量可靠且价格便宜。图2.1中，彩色铅笔排列在纯色铅笔盒中，一目了然。在工作时，要保持铅笔有序摆放，这样才能很容易找到需要的铅笔。把冷色调的铅笔，比如蓝色和蓝绿色放在一侧，把暖色调的铅笔，比如红色和橙色放在另一侧，把中性颜色铅笔，比如绿色、黄色和灰色放在中间。图2.2展示了这些铅笔在纸上上色时的色彩效果。

图2.1　彩色铅笔。一组Prismacolor彩色铅笔。纯色铅笔盒使铅笔颜色一目了然。将冷色调和灰色铅笔放在左侧，将绿色和黄色等中间色调铅笔放在中间，将红色、棕色等暖色调铅笔放在右侧。

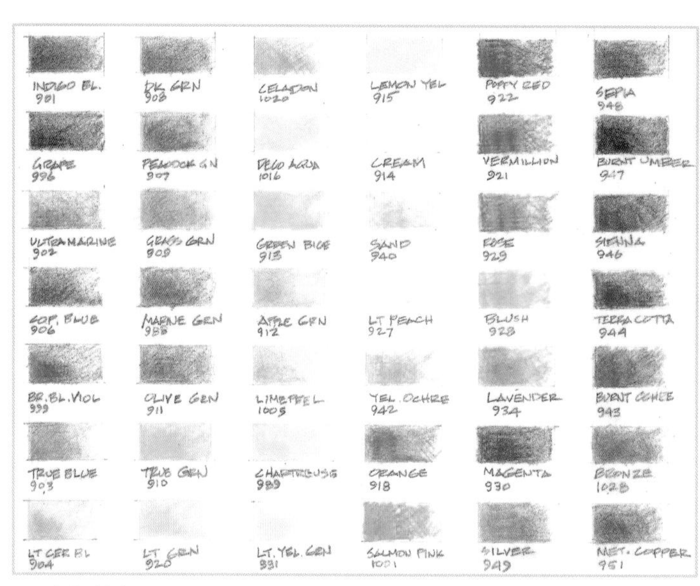

图2.2　彩色铅笔在图纸上的参考色标。

图2.3　叠色效果。在亮色上叠画暗色而保留部分亮色区域，这种叠色方法能形成比单一颜色更丰富的色彩效果。

图2.4　艾菲尔铁塔，彩色铅笔草图。虽然此图的颜色不完全精准，但能帮助你初步了解颜色，确定冷色调和暖色调。

要使用彩铅专用纸，比如Strathmore 400系列，或有轻微纹理的普通纸张。

下一个要探索的工具是马克笔。同样的，Prismacolor提供了质量可靠的产品，当然，市场上还有一些其他同类产品。你可以多尝试几种，找到最喜欢的。与彩色铅笔一样，要保持马克笔有序排列。建议对于不同颜色组的马克笔，分别用不同的塑料袋保存，如图2.5至图2.11所示。使用塑料袋保存，能保持马克笔颜色便于识别，且组织有序。

图2.5 灰色马克笔。暖色调Prismacolor马克笔：10%-90%灰和黑色马克笔。灰色有利于降低图形中的对比度，并且可以与彩色铅笔混合成不同的颜色。注意不一定要用到所有的灰色马克笔。

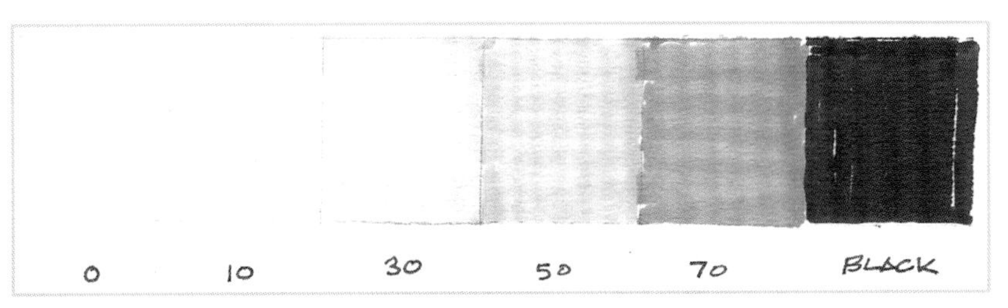

图2.6 灰度，10、30、50、70、黑。绘制阴影对比常用到的灰度范围。

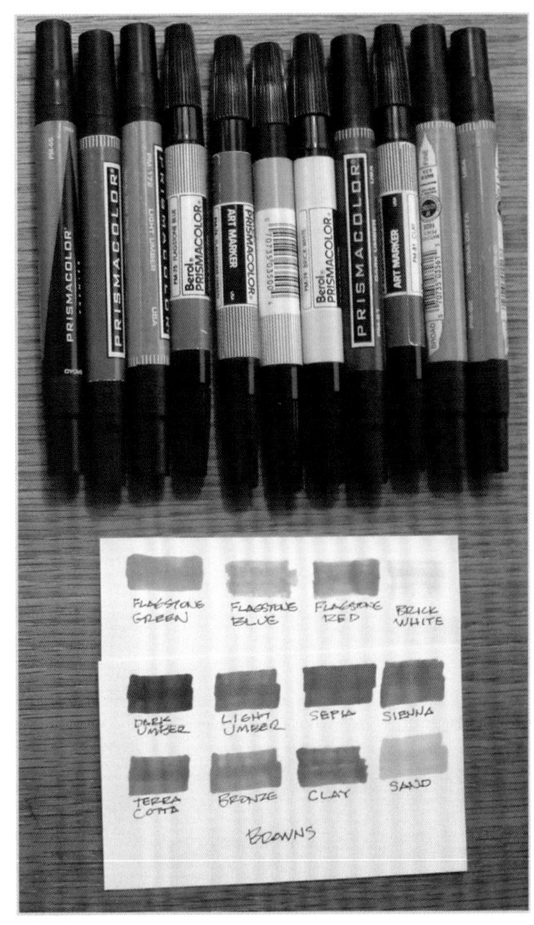

图2.7 棕色和棕褐色Prismacolor马克笔：赤土、青铜、粘土、沙粒、赭色、棕褐色、浅红色、黑色、蓝绿色、石蓝色、石板红色、砖白色。这些色彩可以为许多建筑材质上色，比如：砖、木、石、瓷砖，可以用彩色铅笔将这些材质突出显示。

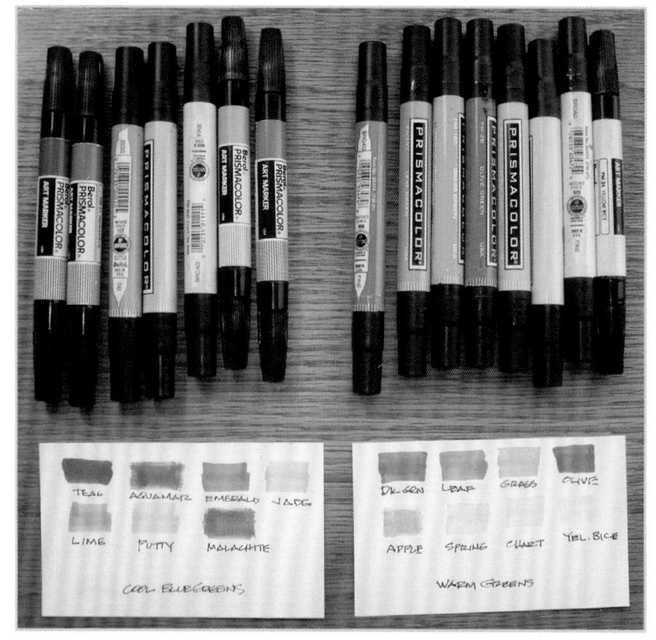

图2.8　**绿色Prismacolor马克笔。**冷色调：海参、海蓝宝石、翡翠、玉石、石灰、油灰、孔雀石。暖色调：深绿色、树叶、草绿色、橄榄、苹果、春天、沙拉、黄色。绿色适合用于表现景观和自然色。树木反射透过窗户照进室内会影响到室内空间的颜色，影响室内空间配色方案。

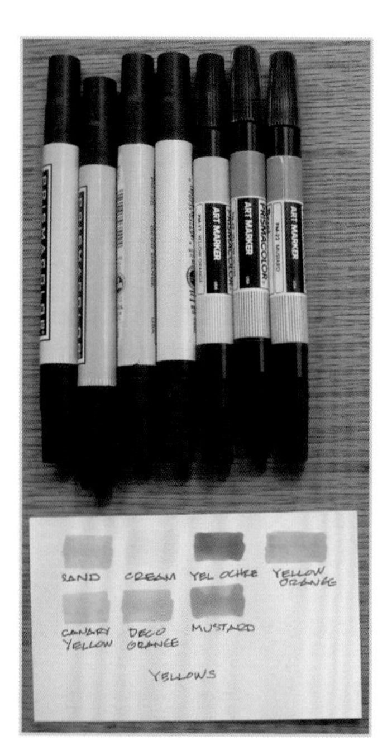

图2.9　黄色和棕褐色Prismacolor马克笔：沙土、奶油、黄赭色、黄色、橙色、金丝雀黄色、装饰橙色、芥末黄色和浅砂色。芥末黄色能够很好地提亮，并能与较暗的颜色形成鲜明对比。这些颜色属于中性色调。

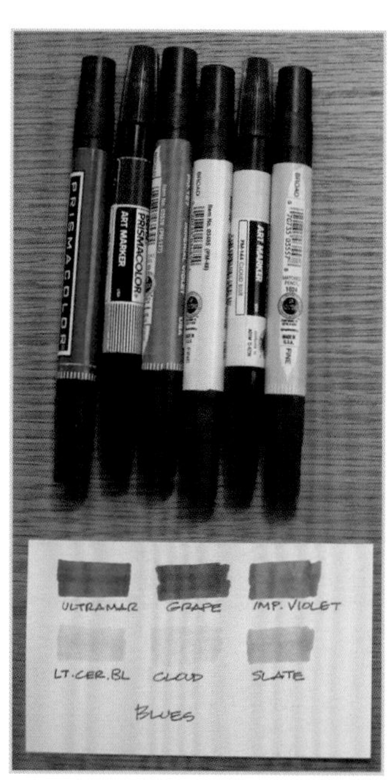

图2.10　蓝色Prismacolor马克笔：群青、葡萄、皇家紫罗兰色、浅蓝色、蓝色、云蓝色、石板蓝色。浅蓝色适合用作绘制天空的基础色。使用水彩、粉彩或彩色铅笔绘制天空更为合适，后面的示例将会详细介绍。

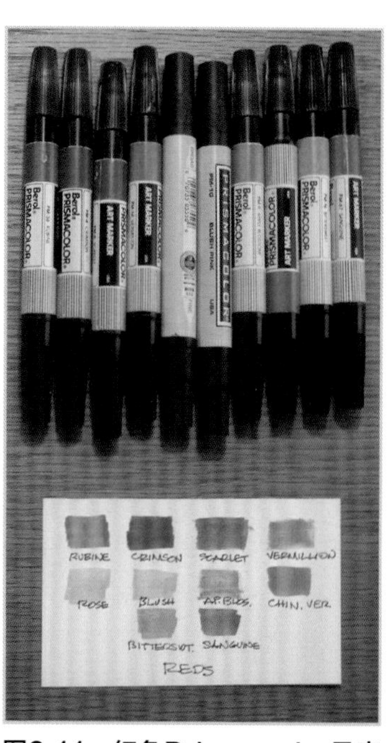

图2.11　红色Prismacolor马克笔：红色、深红色、猩红色、朱红色、玫瑰红色、腮红色、苹果红色、中国朱红。这些颜色能增强室内的温馨感。许多设计师喜欢用暖色调绘制居民区。

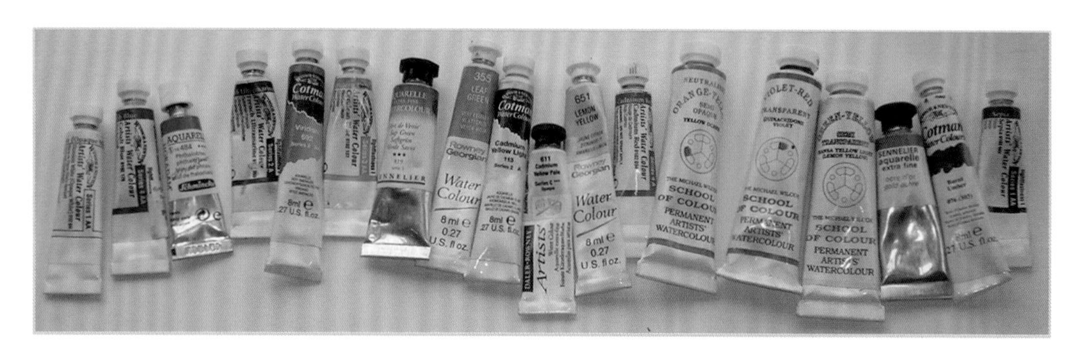

图2.12　水彩。一组水彩。要选择质量最好的水彩，因为质量好的水彩颜料能使用很长时间，如果干了可以加一些水调和。

图2.13 **Michael Wilcox水彩调色盘。**在调色盘中可以调和出不同的颜色。

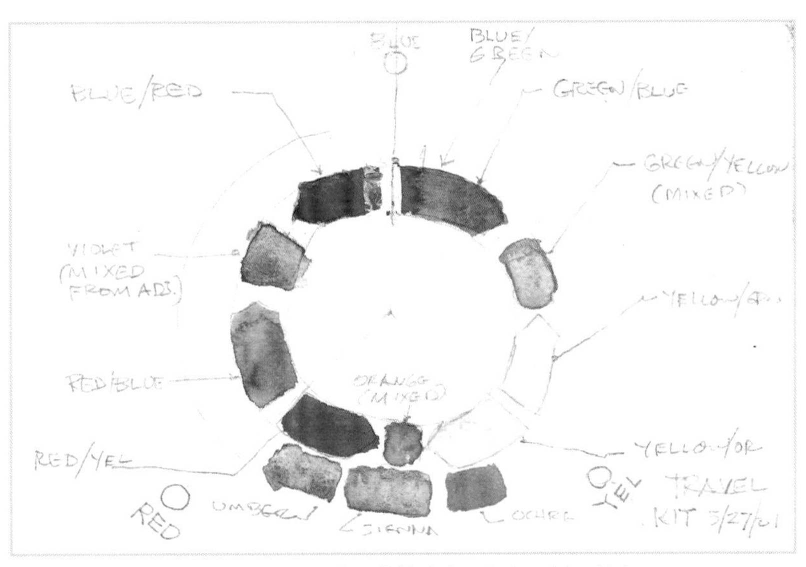

图2.14 **水彩色相环。**显示了可应用的基础水彩颜色及其互补色。

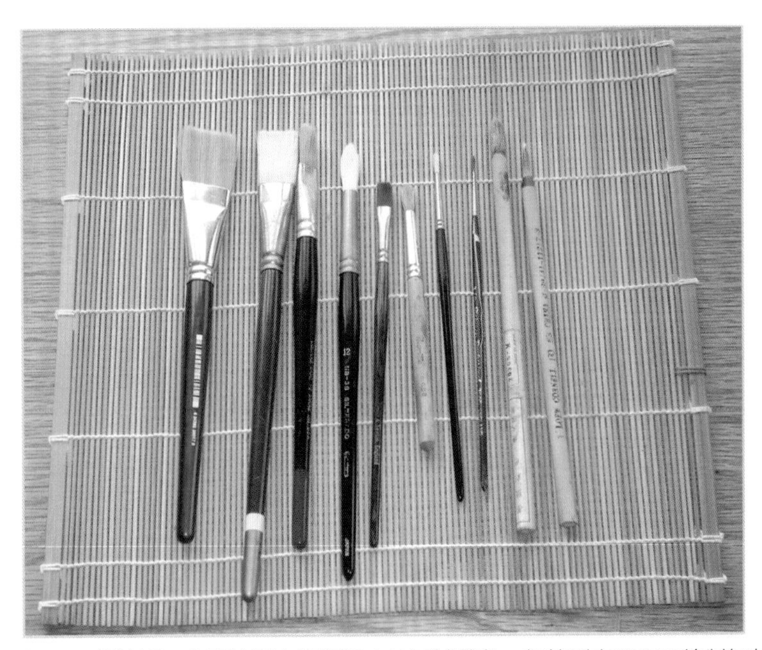

图2.15 **一组笔刷。**宽平笔刷主要用于大块区域着色。细笔刷主要用于绘制细节。可以将笔刷放置在竹制笔刷帘上保存和携带。

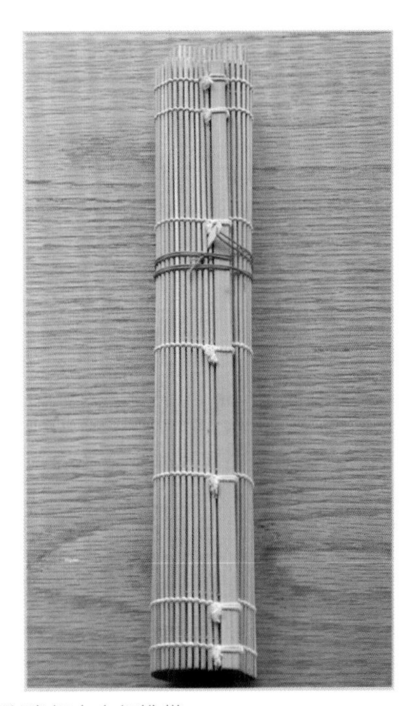

图2.16 笔刷帘，可以卷起来方便携带。

图2.17 Mouffetard咖啡厅中的夫妇。在前一章中图1.16a的基础上上色的效果。使用醋酸液复制图形，将图形转印到水彩纸上，用水彩上色显得比较随性。在图形上滴一些醋酸液，形成这种水彩随性而线条分明的上色效果。

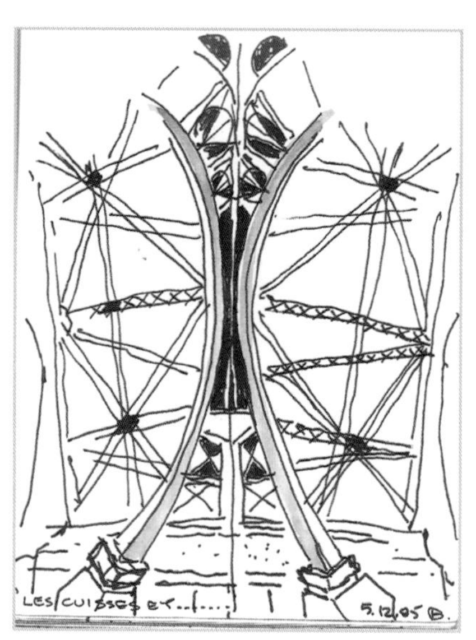

图2.18 艾菲尔铁塔（底部）。使用墨水素描，使用浅水彩着色。

图2.19 艾菲尔铁塔。正面视角。使用了墨水素描和浅水彩着色。先使用墨水完成线稿，之后使用水彩上色。用红色表现被阳光照射的暖色区域，用绿色描述阴影区域。后面将为此素描添加水彩细节和金属材质效果。

图2.20 **窗前视角，巴黎。**使用India墨水绘制金属框架。

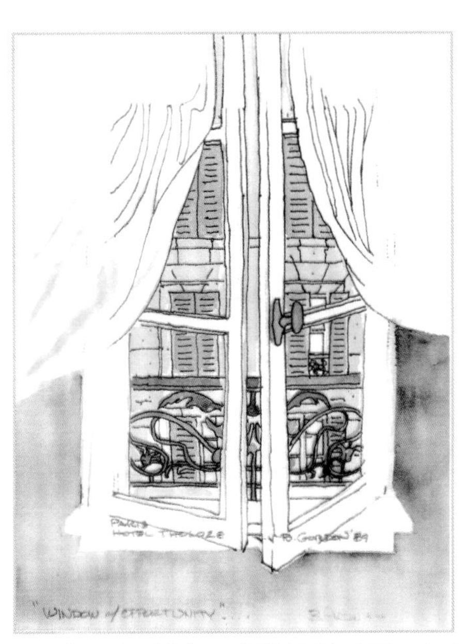

图2.21 窗前视角，巴黎。水彩铺底，醋酸液洒在表面。室内窗户框架采用暖色调，飘动的窗帘烘托了室内的温暖，也表现出了街对面建筑的距离。

图2.22 窗前视角，法国第戎。在Strathmore具有细薄平纹的纸张上使用India墨水绘制。透过窗户展示了房间和室外石拱门的距离。

图2.23 窗前视角，法国第戎。在Strathmore具有细薄平纹的纸张上使用India墨水绘制。额外添加的水彩，为房间增添了温馨感，并与室外图像形成了区分。

水彩可以有效地为图纸的大面积区域着色。水彩颜料装在颜料管中，这样能够保存很长时间，所以要选择好点品牌的水彩。另外，还要准备好一组高品质的笔刷，包括非常宽的1英寸至1.5英寸的笔刷，用以大面积着色。参见图2.26和图2.27中圣米歇尔山示例，是将使用铅笔或钢笔绘制的线稿图转印到水彩纸上后，在纸上整体涂上一层薄薄的水彩的效果。如果采用暖色调的配色方案，则使用淡柠檬黄色绘制云层后面的阳光，这样将为画面整体奠定统一的色调。然后应用中间色调，如绿色和蓝色，描绘圣米歇尔山的主体。接着再绘制较暗的区域，使用灰色在右上角表现云彩，使用更饱和的颜色填充暗色区域。最后将进行快速渲染和彩绘。

图2.24　圣米歇尔山。这是一幅诺曼底历史古迹的线稿图。使用Rapidograph 2.5钢笔在Strathmore平板纸上绘制。

图2.25　在初始的墨水图形上叠加网格（方格边长1/2英寸）。

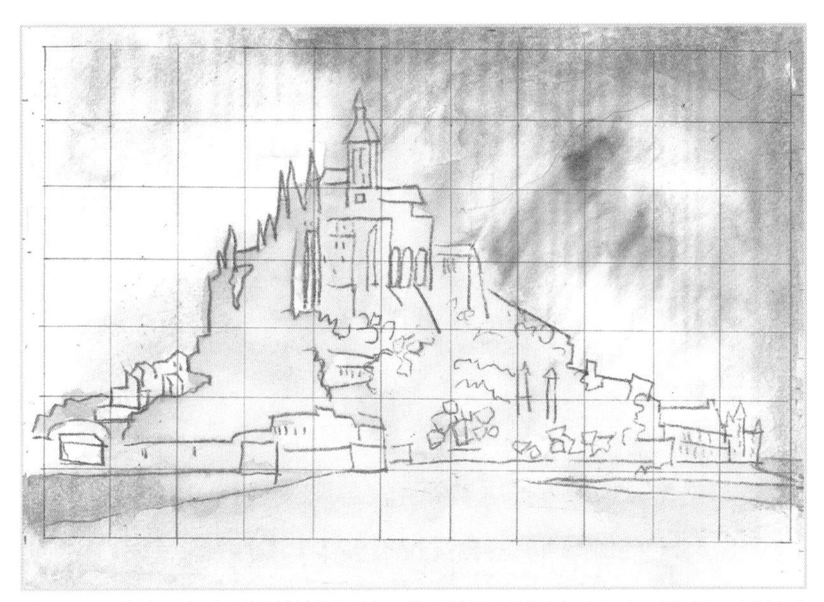

图2.26 在水彩纸上用铅笔绘制网格，将方格边长扩大为1英寸，形成9×12英寸的图形。然后结合初始网格进行图像素描，并用水彩涂抹一层底色。

图2.27 圣米歇尔山水彩上色后的最终效果。

图2.28 浅蓝色背景表现出了黄昏中的光柱效果。

图2.29 暗蓝色背景呈现出夜晚城市场景中的光柱效果。

图2.30 蓝色背景能很好地展示黄昏时的光柱拱门效果。

材质色板

要求能够使用马克笔和彩色铅笔复制材质样品，这能帮助大家了解材质颜色的深浅，有助于选择正确的颜色。在尚未获得原始样品作为参考时，大家要试着创造自己的色板。接下来展示的是一些样品和制作这些样品所使用的颜料。（使用了Prismacolor马克笔和彩色铅笔）

图2.31 石板（Sasha Montes提供）
- 浅红色
- 绿茶色
- 浅灰色20%、40%和10%
- 冷灰色20%
- 油灰

图2.32 黑色大理石（Tomoe Yunoki提供）
- 黑色马克笔
- 白色铅笔

图2.33 白色大理石（Dahlia Zarour提供）
- 灰色、沙土、奶油色，以及白色铅笔。

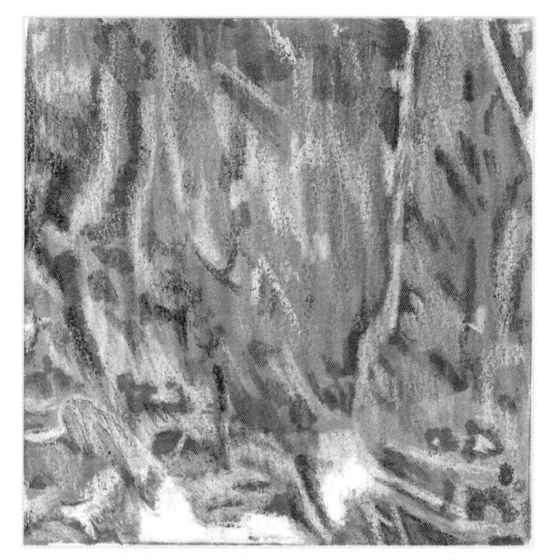

图2.34 绿色大理石（Nayeli Talavera提供）

马克笔：
- 暗绿色
- 绿色158
- 黄绿色

彩色铅笔：
- 黑色
- 白色
- 冷灰色

图2.35 胡桃木（Nayeli Talavera提供）

马克笔：

- 暗棕色
- 奶油色

彩色铅笔：

- 奶油色
- 深褐色
- 姜根色
- 深啡色

图2.36 暗橡木（Sasha Montes提供）

马克笔：

- 浅棕色
- 赭棕色
- 浅褐色
- 深黄色

图2.37 樱桃木（Da Dahlia Zarour提供）

马克笔：

- 冷灰色30%
- 砂土色
- 深棕色
- 赭棕色

彩色铅笔：

- 焦赭色
- 赭棕色
- 烟粉红色
- 棕黑色
- 浅棕色
- 浅藕红色
- 深棕色

图2.38 枫树（Tomoe Yunoki提供）

马克笔：

- 砂土色
- 奶油色
- 暖灰色20%

关键词

Prismacolor铅笔： 推荐使用该品牌彩色铅笔。这类铅笔是以蜡为基础材料，而不是以石墨为基础材料，所以能够更清晰地显示笔迹。

灰色马克笔： 灰色有利于降低图形对比度，并且可以使用彩色铅笔进行覆盖形成混合颜色。

灰度： 添加阴影能够增强图形的对比度。

水彩： 各种颜色的水彩保存在颜料管中，可以有效地为大面积区域着色。

笔刷： 宽平头的笔刷用于大面积区域的着色，细笔刷用于描绘细节。

艺术馆

图G2.1 芝加哥RG建筑/规划公司（RG Architecture/Planning）的Robert Gordon在1976年尚未进入计算机渲染时代设计了这座单户住宅。效果图中的室外景观完全是用彩色铅笔素描而成的。这是一幅房屋南视图的初步概念草图，之后在整个门厅前添加了一个较大的门廊，房子朝向南面的大花园。

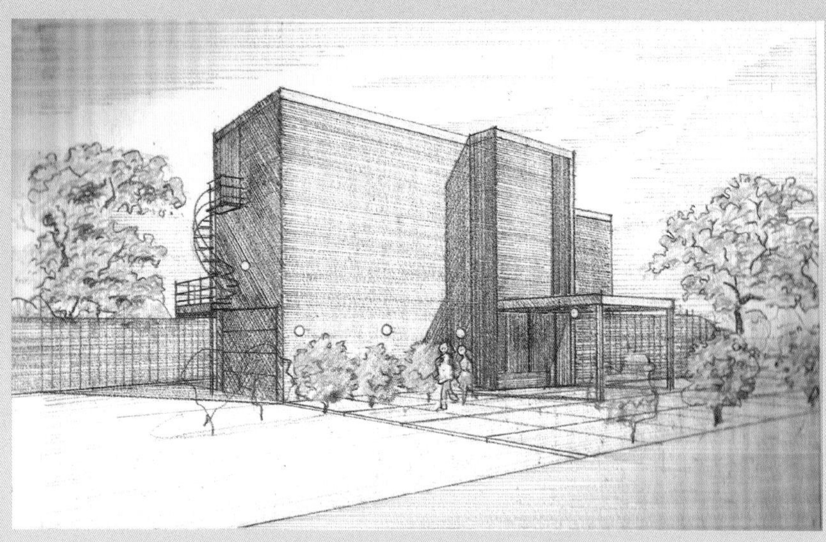

图G2.2 **北视图。**建筑背面对着车道，能够挡住芝加哥寒冷的北风。

图G2.3 建筑物入口（Courtesty Ken Schroeder）。

图G2.4 艺术墙，由SMNG建筑师提供。

图G2.5 室内大厅。

图G2.6 奥格登国际学校（David Parisi、dPict Visualization有限公司提供）。

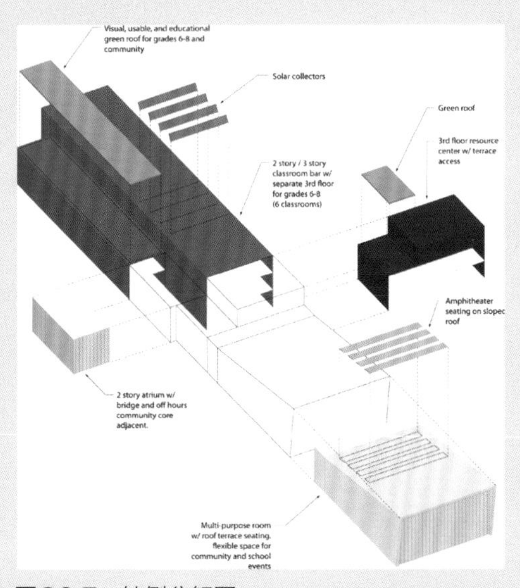

图G2.7 轴侧分解图。

图G2.8 连接的附属建筑（David Parisi、dPict Visualization有限公司提供）。

图G2.9　洛卡尔（照片由John Faier提供）。

图G2.10　斯金纳学校（照片由John Faier提供）。

CHAPTER 3

透视

消失点

你以为这只是一个铅笔点

艺术专业学生在画布的中间创建……

当我站在这个消失点上时，环顾向我扑面而来的一切……

我像是这平面世界背后的捕手……

我看到历史名迹在越变越小

直到消失不见……

从菲狄亚斯开始，每个纪念碑都收归于这一点……

我已经到达了几何的天堂

每一条线都渴望向这里飞翔

（Billy Collins，*The Apple That Astonished Paris*，阿肯色大学出版社，2006年，第3页）

目标

回顾一点透视和两点透视的基本技巧。

将创新和设计概念快速描绘出来，使其可视化。

概述

制作专业演示图形时，一定要特别注意，所有的透视都要参考恰当的地平线、对角线和消失点。在透视图形中，尤其要关注消失点。无论是生活中采用三角形或正方形构图随手绘制的图形，还是用电脑绘制图形，都必须全面了解每个视角的透视规则。要通过大量的实践和练习，让透视规则成为手绘的第二个必备属性。错误地使用线条、对角线和消失点，会让透视图显得不够专业。在本章中，我们将讨论一些基本的透视规则，无论你选择哪种彩笔或水彩，都要遵循这些规则。我们将通过分析照片来确定地平线、对角线和消失点，这将有助于大家掌握准确绘制透视图所需要的技能。本章将介绍手绘图形时构建透视的基本技巧和关键术语。可以将本章介绍的手绘视图内容与使用SketchUp软件建模的方法相结合进行比较学习，不要孤立地学习手绘视图。

手绘视图的完整技术比我们在这里展示的要复杂得多，该技术最初由Brunelleschi在1413年创立。[1]

本章虽然无法详细介绍手绘视图的所有技术，但这里介绍的基本技术能够帮助大家快速了解透视图中可能出现的任何错误，这些内容也可以作为SketchUp中构建透视图的指南，因为通过学习这些内容，大家将能够掌握设置透视点的要点。

一点透视

对于室内设计师来说，一点透视是最有用的，也是最简单的一种透视方法。可以以平面图为基础创建一点透视，也可以在立面图中创建一点透视。以正面平视房间内部视角，绘制缩放和向前投影空间的立面图。图3.1至图3.9展示了设置一点透视的示例，在图形中添加家具，然后进行渲染。进行这些练习能够帮助大家初步理解透视技术。

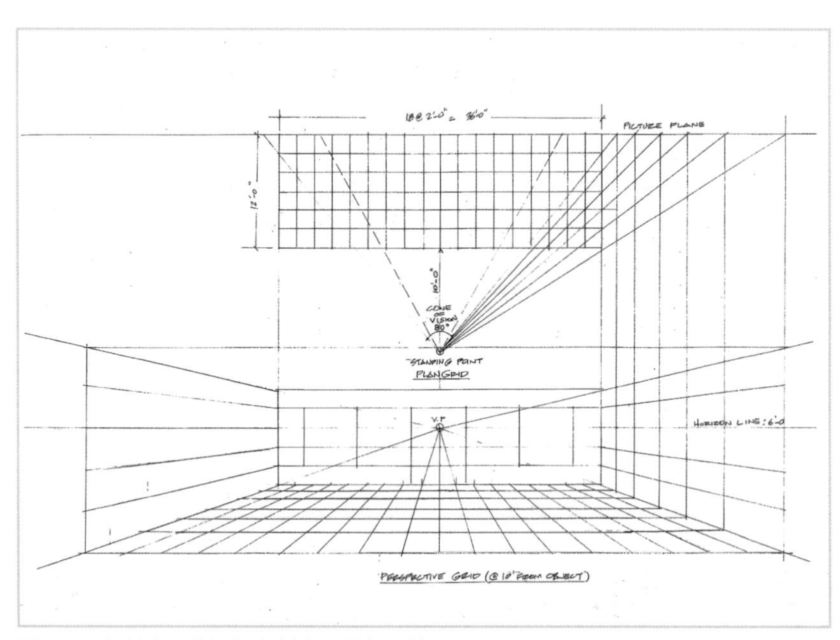

图3.1 在创建一点透视之前先设置好网格。

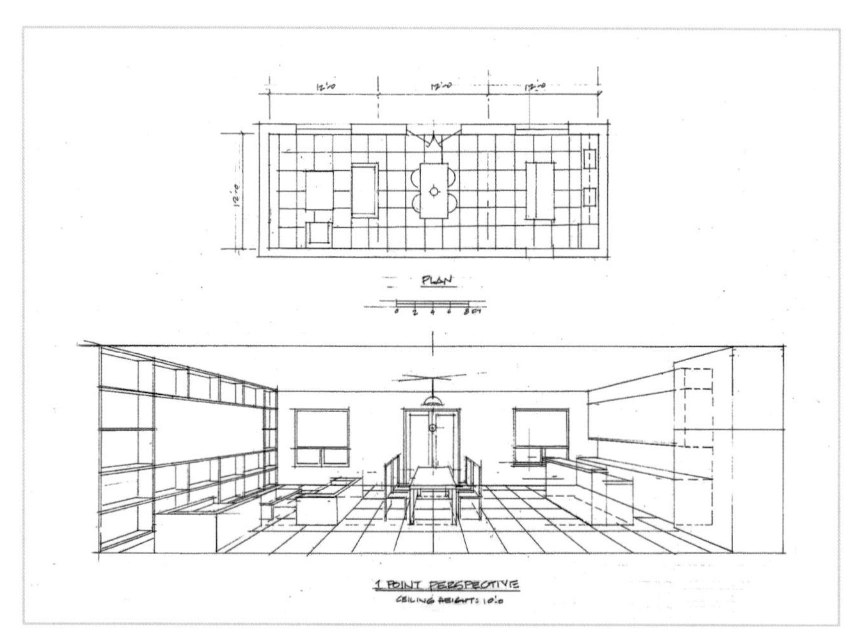

图3.2 在网格上添加家具。在图纸平面中，墙壁的高度在降低。

1. 想要完整了解透视技术的历史，请阅读Martin Kemp的*The Science of Art*（纽黑文，耶鲁大学出版社，1990年），9。（译者注：这是一本外版书，国内没有引进版权。）

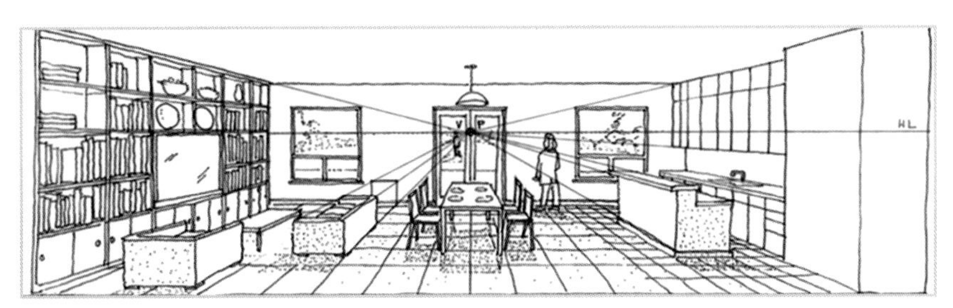

图3.3 使用线条渲染家具，使用点状图案描绘阴影。

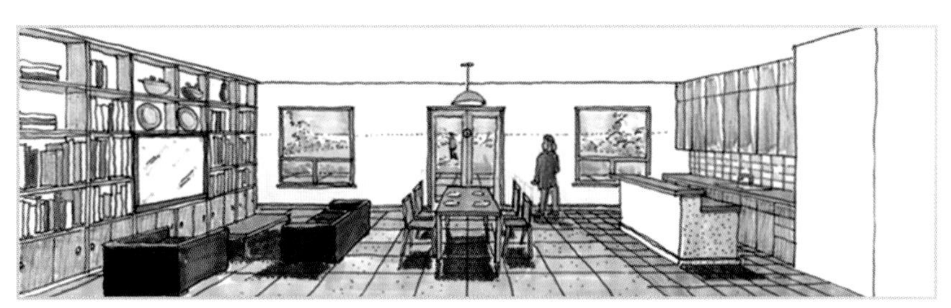

图3.4 使用马克笔和彩色铅笔上色渲染家具。

图3.5 创建彩色渲染的传统起居室的一点透视图。或者采用相同的网格创建现代或其他风格的起居室。

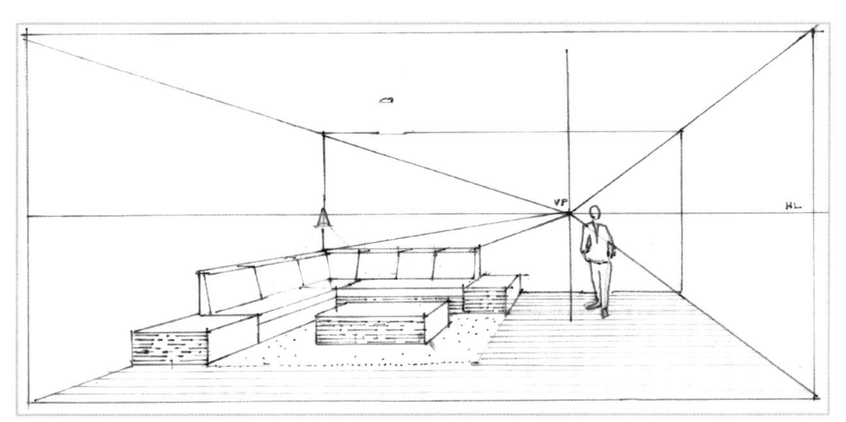

图3.6 座位区。采用前面介绍的方法，构建一点透视图，只显示重要的特点。首先绘制地平线，位于5英尺0英寸的高度，然后在观众的位置画一条线， 这两条线的交点即为消失点。所有对角线都从这点出发，形成室内的空间。注意后墙（图片平面）是以真实尺寸绘制的，所以大家可以从后墙位置测量家具。图中标注了一些数字和细节注释来帮助绘制，还可以在需要的地方绘制灯光，可以在座位的角落处放置阅读灯，在咖啡桌上方绘制天花板灯。

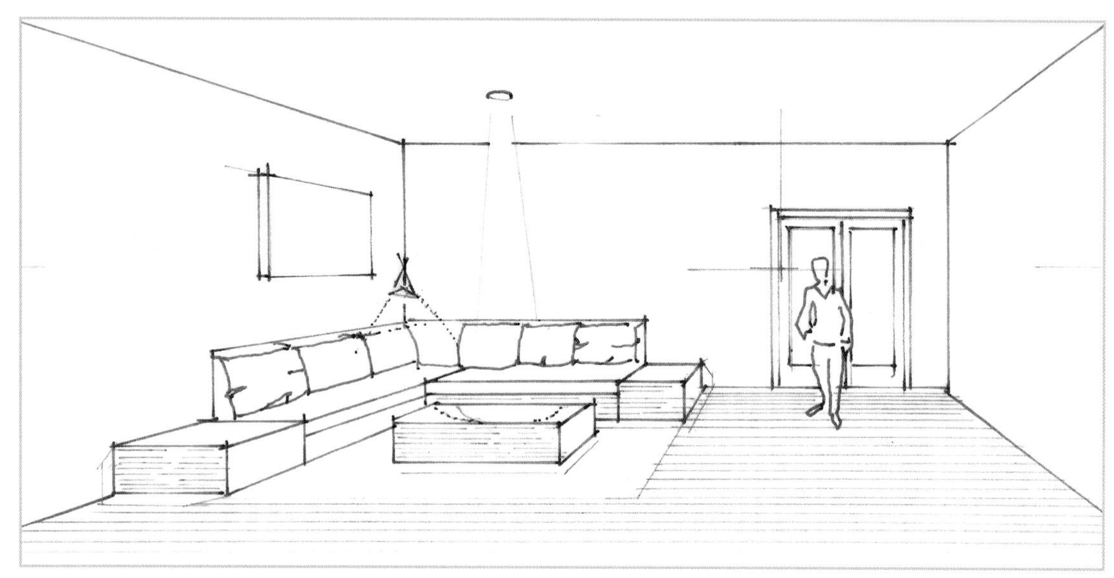

图3.7 描绘出构建的透视图。可以徒手绘制，也可以使用直尺，或者二者结合。抱枕和人物图像是直接手绘的，添加一组对开门和座位上方的装饰画。

图3.8 精准绘制。确定好室内灯光和门位置的光线照射下的明暗区域，采用精确的灰度进行着色渲染。

图3.9 座椅颜色渲染。用马克笔和彩色铅笔给图形上色，注意在灯光周围留白亮部区域。使用沙土色马克笔绘制地板和长凳之间的边缘，使用绿色铅笔为沙发上的织物着色，使用红色和铜色进行补充和叠色形成阴影，使用玫瑰红色马克笔绘制地毯，使用绿色铅笔提亮织物的颜色。最后用铜色进行叠色，增强木地板和长凳的暖色调效果。

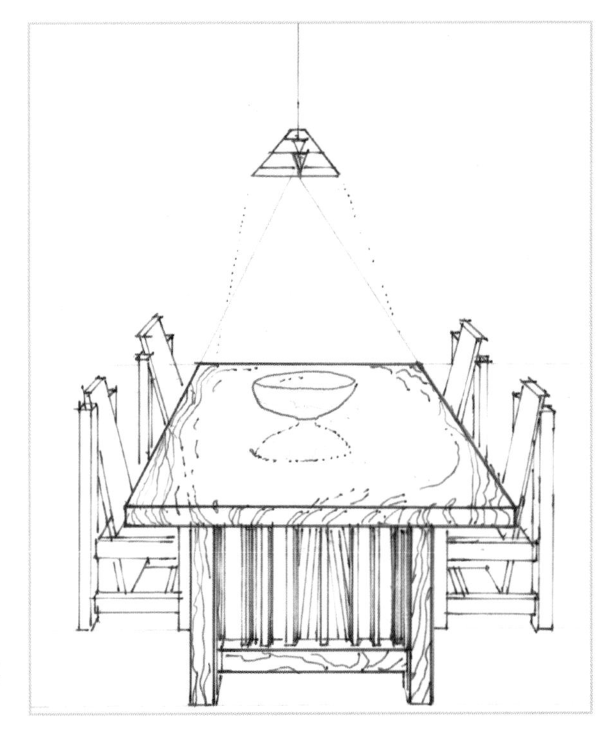

图3.10 草原风格的桌椅。磨砂和抛光的木材，一点透视的消失点与悬挂的彩色玻璃灯重合，表现光线照射区域和反射区域是上色的基础。

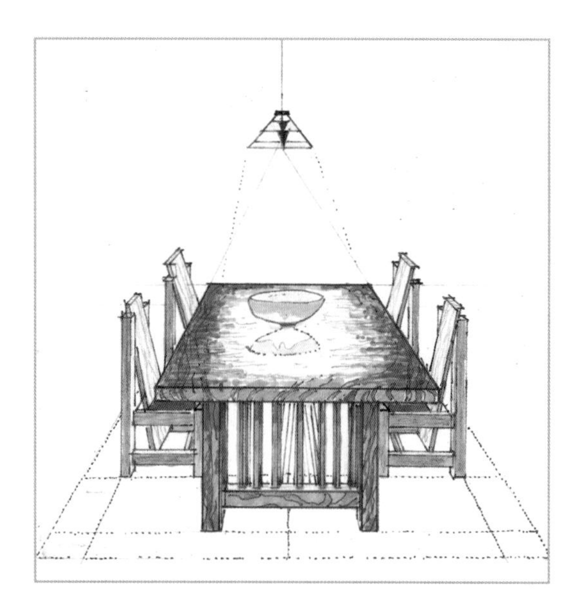

图3.11　给桌椅上色，一点透视，显示灯光和碗的反射效果。需要注意的是，碗的反射较轻。使用奶油色铅笔上色，使用白色铅笔提亮颜色。使用纯绿色铅笔描绘碗，使用装饰绿色铅笔绘制反射效果。使用罂粟红色铅笔绘制灯光的高亮区域。使用20%的暖灰色绘制地毯，用奶油色铅笔增强暖色调效果，并表现出反射光的效果。使用金属铜色铅笔绘制木纹。

两点透视

两点透视图是不对称的，比一点透视图更为生动。两点透视也更适合表现室外场景，因为两点透视能显示建筑物周围的空间。添加家具和确定高度等其他所有规则与一点透视相同，但只有一条真实的测量线，位于室内空间平面与图形平面的相交处。

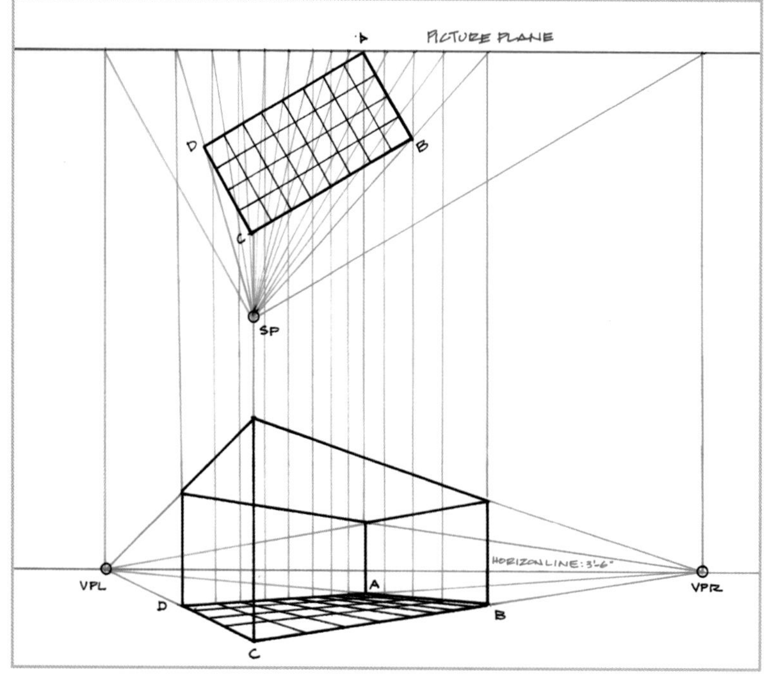

图3.12　设置两点透视图的网格。

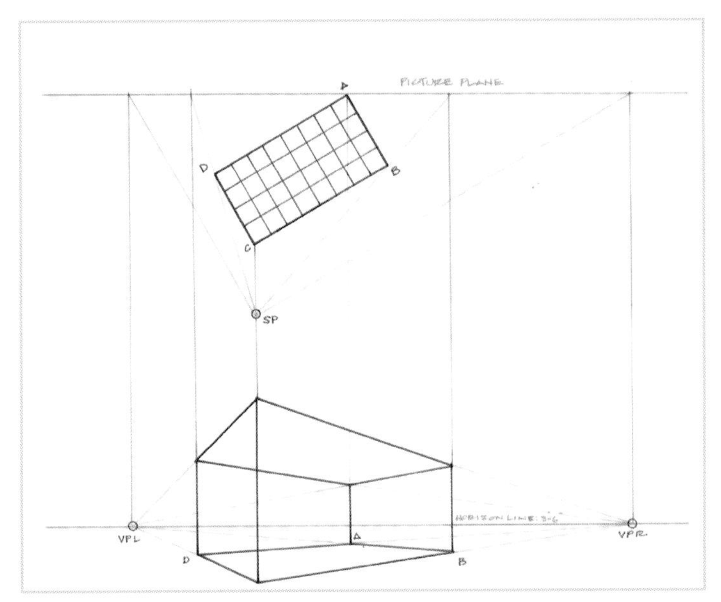

图3.13 通过网格线将观众的视线引导至空间之外，能看到室内和室外空间。

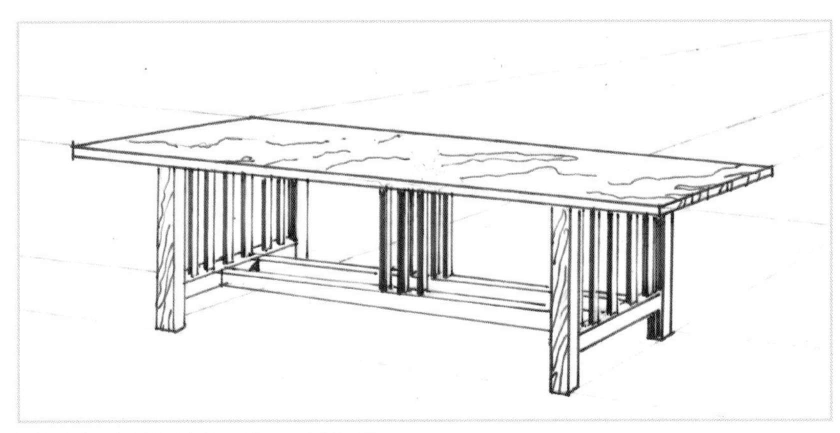

图3.14 草原风格的桌子，两点透视。

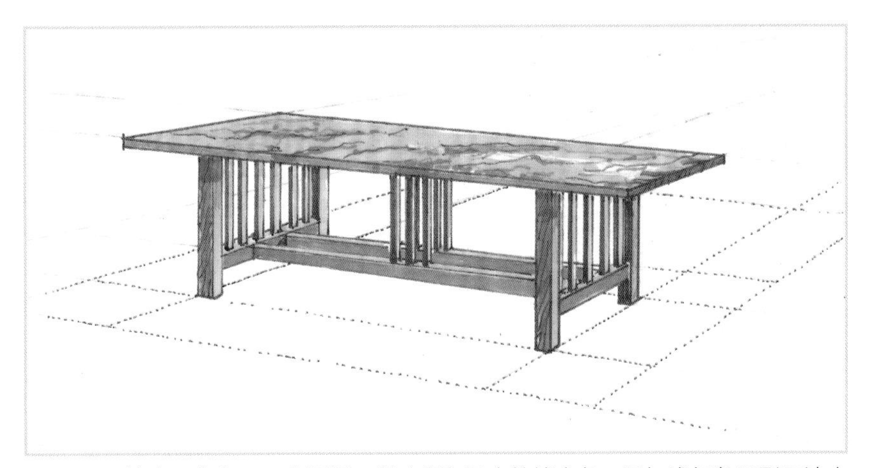

图3.15 给桌子上色，两点透视。以青铜色马克笔铺底色，添加浅红色阴影和沙土色的条纹。使用铜色铅笔表现木材材质。虽然没有整体为图纸铺色，但点线能清晰地表现出地毯的透视。

关键词

消失点： 图形中所有对角线向其汇聚的点。

一点透视： 只有一个消失点的透视图。

两点透视： 一个透视图中有两个消失点。

水平线： 与观众眼睛平齐的水平线。

图形平面： 一般是视图中后面的那个平面，以该平面为基准可测量其他尺寸。

测量线： 两点透视图中可测量的垂直线。

视角点： 观众的视角位置，与图形平面和垂直高度二者相关。

练习

1. 拍摄数码照片并打印出来。查看所有对角线，观察它们相交的位置，标示出地平线。

2. 在素描本上，每天绘制一系列只包含地平线、消失点和房间或建筑物模糊轮廓的素描。每次素描只花两分钟时间。

3. 采用第1章和第2章介绍的方法快速渲染这些草图。素描图中只显示了基本的模型和阴影，没有更多的细节。花2到5分钟进行渲染。

4. 每天绘制一张草图，并完成更多的渲染效果，每张草图最多花费15到20分钟。在一段时间内，连续在一本画册中坚持绘制。为这些草图添加标题、签名和日期。3到6个月之后，你会发现绘图技能已经大大提高。画册将变成你的日记本，可以在今后的生活中一直记录下去。不管你相信与否，不需要多久就能积累数千幅图纸，这也会对你使用SketchUp建模有很大帮助。

PART II

数字渲染

第4章介绍了基本的SketchUp操作和建模工具，第5章介绍了在Photoshop中渲染的基本工具和技术。我们将展示如何保存SketchUp图形为jpg格式，并在Adobe Photoshop中打开，以及如何在Photoshop中编辑和优化图形，并将图形与背景和其他图像合并。最后，第6章将通过一系列简单示例，展示如何将手绘草图整合到这个软件中，还演示了如何通过追踪描边SketchUp模型形成手绘图形，以便研究设计。

CHAPTER 4

SketchUp操作技术

目标

- 熟悉SketchUp软件的基本菜单和工具。
- 学会使用SketchUp最重要的工具，每个工具都使用一遍，绘制简单的工作室空间，然后将工作室转换成一个一室的房间。
- 将2D手绘图形快速建模为3D格式，用于下一步的设计和渲染。

概述

本章将介绍SketchUp的基本建模技巧。通过学习，大家应该能够快速构建出指定大小的模型，以便旋转模型以不同的视角观看。可以将这些视图保存为jpg格式文件，并在Photoshop中打开。

开始使用SketchUp

SketchUp是一款很容易入门的软件，具有简洁清晰的界面。软件中自带一些实用教程，可以随时打开学习。SketchUp界面简单，即使是免费的下载版本也具有强劲的功能，可以开发非常细致和复杂的场景，不过需要时间来学习。在本章中，将在设计简单工作室场景时，介绍一些基本工具，然后将添加一个卧室/浴室来完成简单房间的设计。

在开始之前，先选择好一个视图。执行“Camera（相机）>Standard Views（标准视图）”命令，在子菜单中选择视图。可以选择平面图或立面图。向下滚动，选择Perspective（透视）或Two-Point Perspective（两点透视）（参见图4.2）。之后即可准备开始绘图。选择矩形工具，注意窗口右下角的尺寸框，默认以英寸为单位，因此要注意英尺为单位的尺寸（参见图4.3和图4.4）。

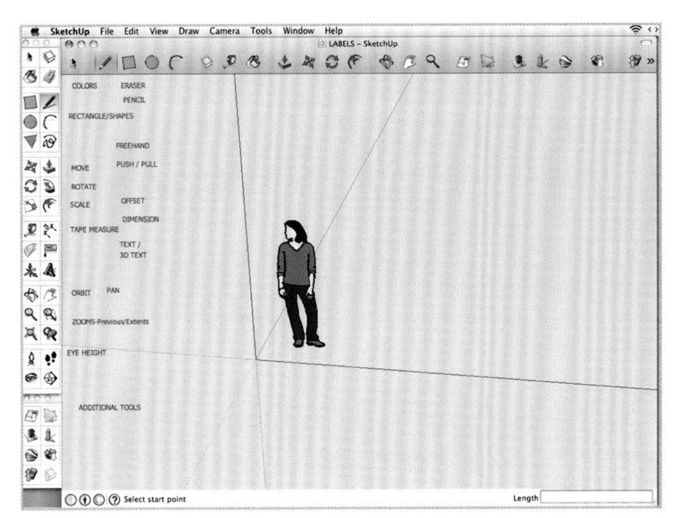

图4.1 启动界面。打开SketchUp时，屏幕上首先显示的是这张图像。

图中标记了对设计师来说最重要的工具，顶部的水平工具栏中也同样包含着经常使用的工具。最顶部为菜单栏，包括Edit（编辑）、View（视图）、Draw（绘图）、Camera（相机）和Widow（窗口）菜单。

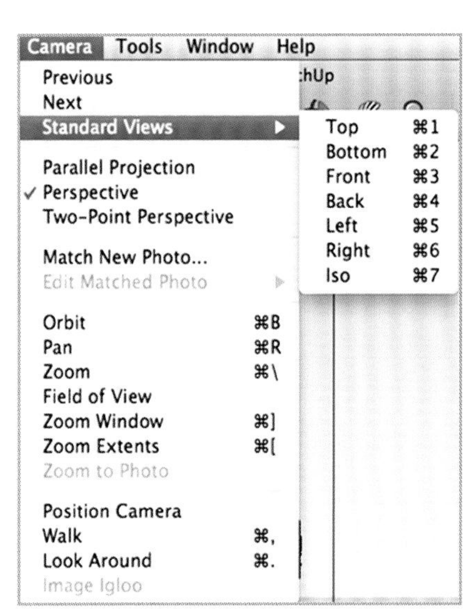

图4.2 执行“Camera（相机）>Standard Views（标准视图）>Top（顶视图）”、“Front（前视图）”或其他命令。

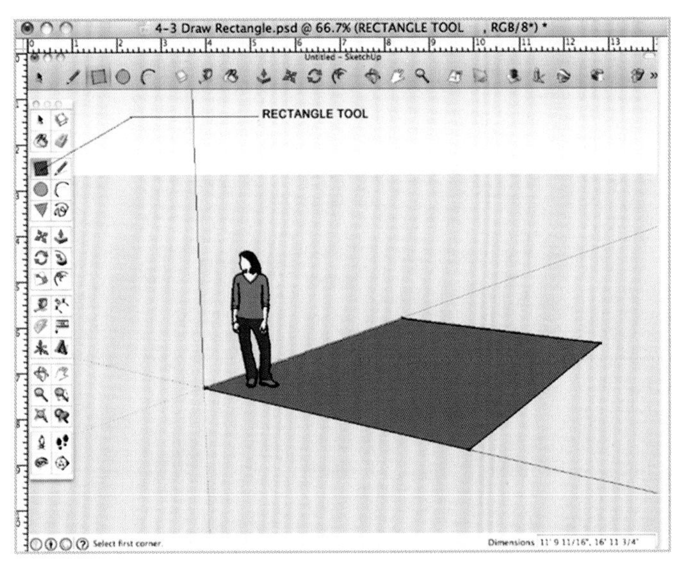

图4.3 使用矩形工具绘制不确定尺寸的矩形。注意右下角的小方框，可以通过调整小方框更改矩形的大小。输入X轴向的尺寸，然后输入逗号，之后输入Y轴向的尺寸。使用矩形工具，而不是线工具，是因为这样将建立3D视图。

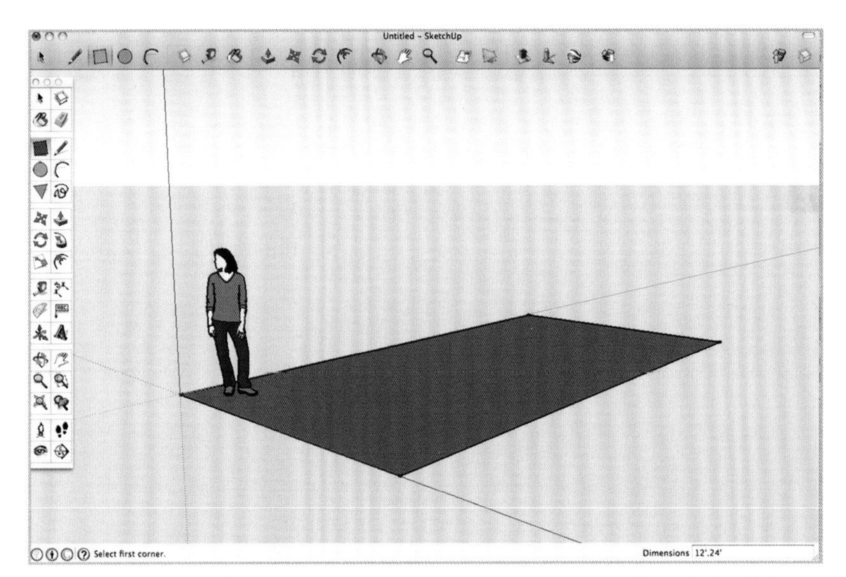

图4.4 绘制尺寸为12英尺宽24英尺长的矩形。这个288平方英尺的平面将用于开发一个带有客厅、餐厅和厨房的室内空间。（PART Ⅲ将综合应用各种软件开发卧室/浴室套房的室内设计）这里展示了SketchUp中大部分基本工具。

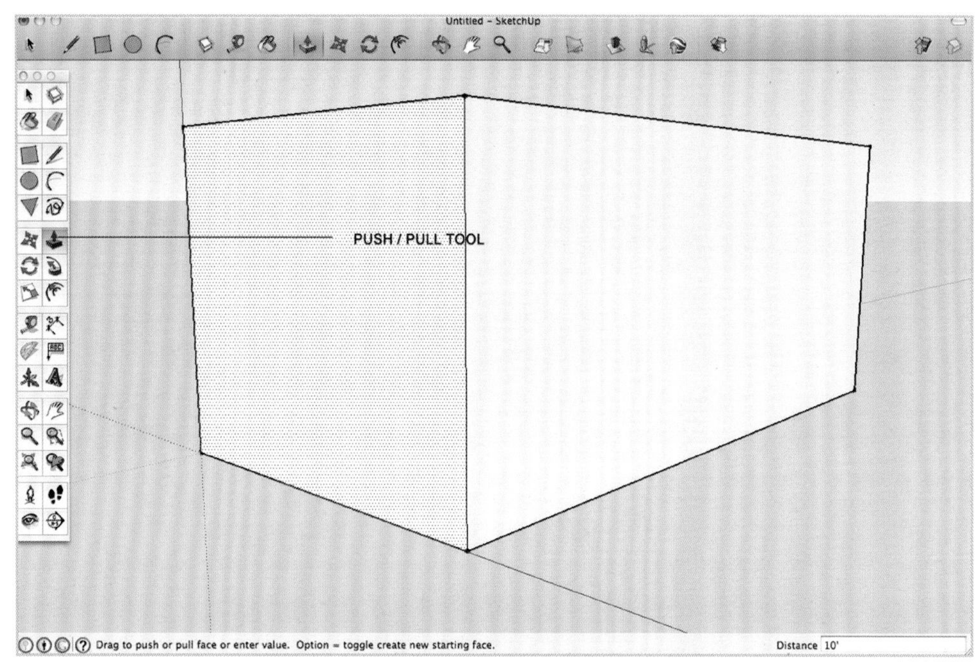

图4.5a 使用Push/Pull（推/拉）工具挤出矩形至10英尺高度。

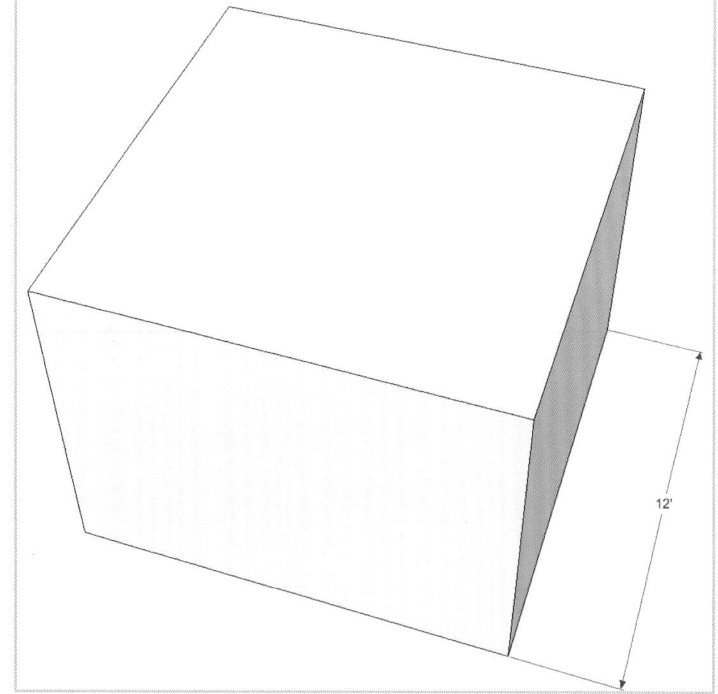

图4.5b 还记得第1章中手绘的立方体（铅笔和墨水绘制）吗？这里在SketchUp中绘制了一个相似的立方体。

图4.6 选择前面的墙，并按下Delete键。

图4.7 选择侧面的墙，并按下Delete键。这样就形成了一个开放的室内空间3D视图，显示了内部空间。

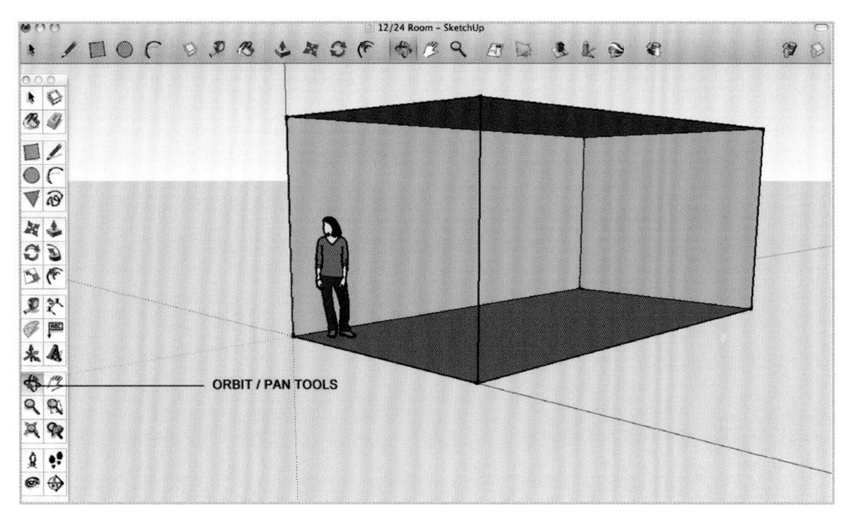

图4.8a 使用Orbit（环绕观察）工具和Drag（平移）工具从不同视角观察图形。

图4.8b 环绕至右侧。可以看到右侧的外墙，并形成了一个不同的视角。

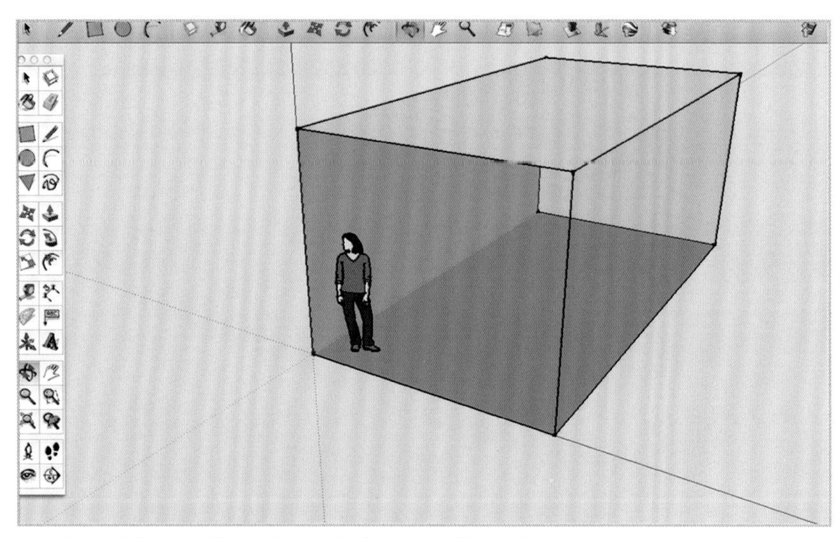

图4.8c 环绕至左侧，并提升视角高度，形成另一个视图。

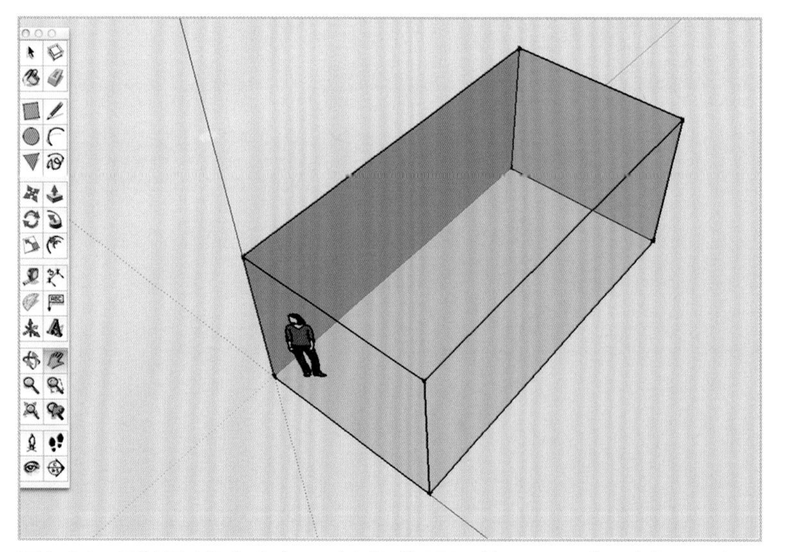

图4.8d 逐渐提升视角高度，形成俯瞰视图。使用Drag（平移）工具在屏幕中将图像拖至需要的位置。

Tape Measure（卷尺）工具对于测量图中的距离非常有用，它也可以用于创建参考线。（详细信息请参阅相关说明）

Components（组件）库中内容很丰富，包括家具、材质、门和窗户等。执行“Window（窗口）>Components（组件）”命令，可在组件面板中查找组件。查找组件时，查找内容要尽可能具体，例如“休闲椅”，以避免在太多选项中进行选择。单击组件，即可将组件添加到绘图中。然后使用Move（移动）和Ratate（旋转）工具调整其位置。注意要将部件直接放置在地板上，这可能需要一段时间形成习惯。参见图4.10和图4.11.下载一些家具模型，并放置在图形中。如果组件不符合要求，则可以执行“Edit（编辑）>Component（组件）”命令进行调整。图4.22至图4.24显示了如何更改桌子模型的比例（大小）。

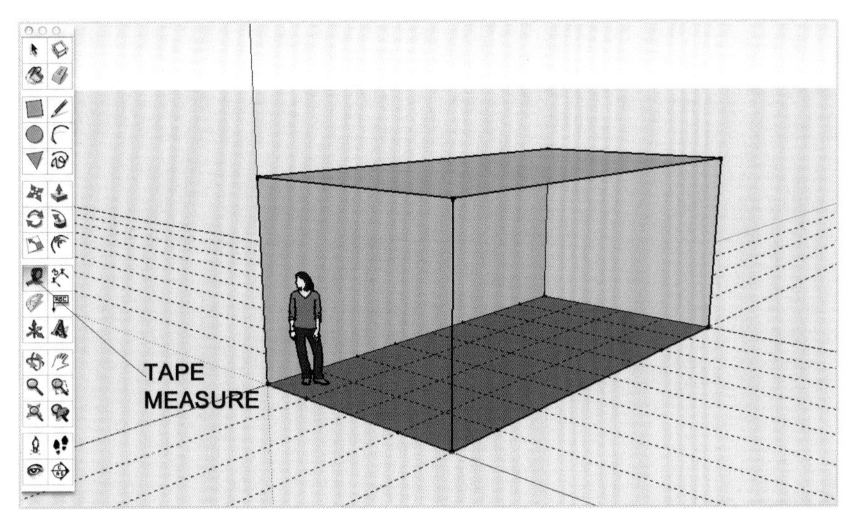

图4.9 使用Tape Measure（卷尺）工具绘制参考线。选择Tape Measure（卷尺）工具，单击要测量或用作基线的边，在窗口中移动光标至固定距离。在本例中，移动3英尺，然后释放鼠标。按下Enter键。在地板平面上沿两个方向以3英尺的间隔重复此操作，将形成单位面积为3平方英尺的参考网格线。可以使用Edit（编辑）菜单中的Undo（撤销）命令删除刚绘制的一条参考线，也可以利用Edit（编辑）菜单中的Delete All Guides（删除参考线）命令将所有参考线删除。

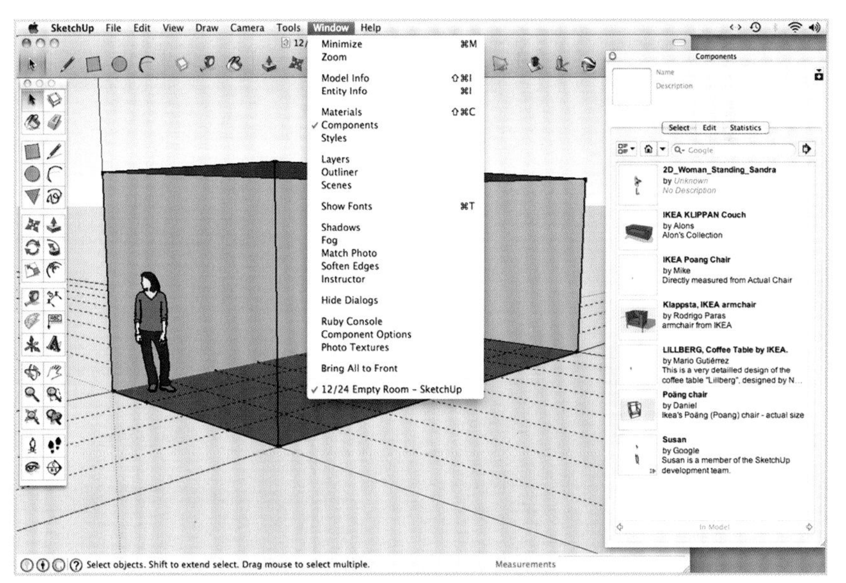

图4.10a Components（组件）/Colors（颜色）/Materials（材料）面板。 从上面的Windows（窗口）菜单中选择Components（组件）命令，即可打开组件面板。后面还会采用同样的方法打开Materials（材料）和Colors（颜色）面板。

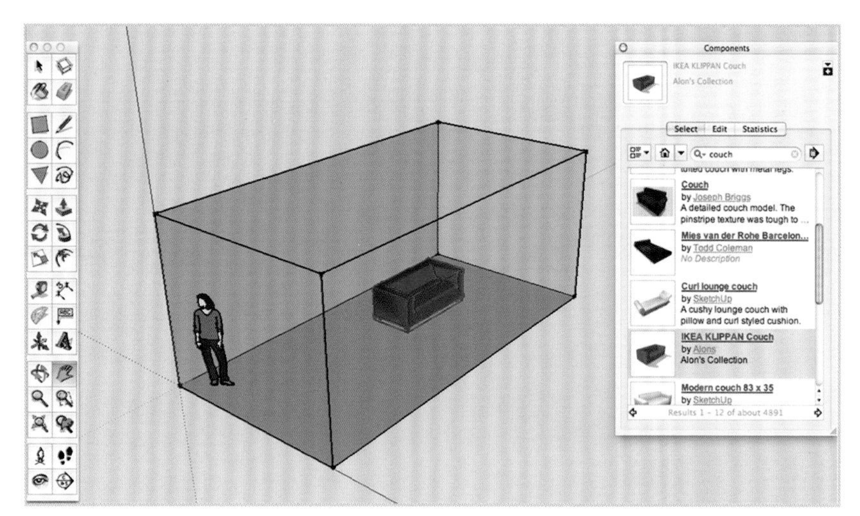

图4.10b　下载组件。在Components（组件）面板顶部的搜索框中输入需要的组件类型。可以输入“宜家睡椅”、“埃姆斯椅”、“休闲桌”或其他词语。如果只输入了“椅”，则会搜索到大量的组件，这将增加选择量。在本例中，我们下载了一个宜家沙发，将组件拖入图形中，组件将高亮显示，处于编辑状态。

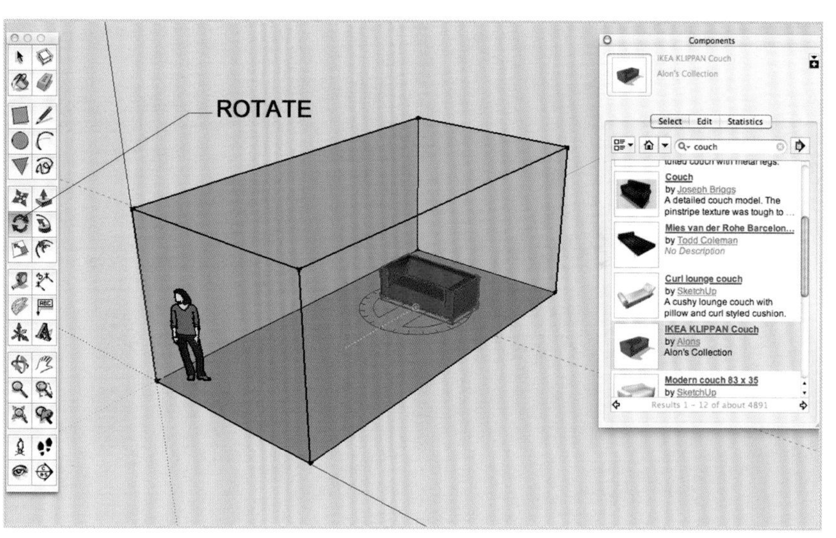

图4.11a　Rotate（旋转）。使用左侧Rotate（旋转）工具，可将组件旋转为任意方向。在旋转组件时，还可以输入旋转角度值，比如本例中旋转了90°。

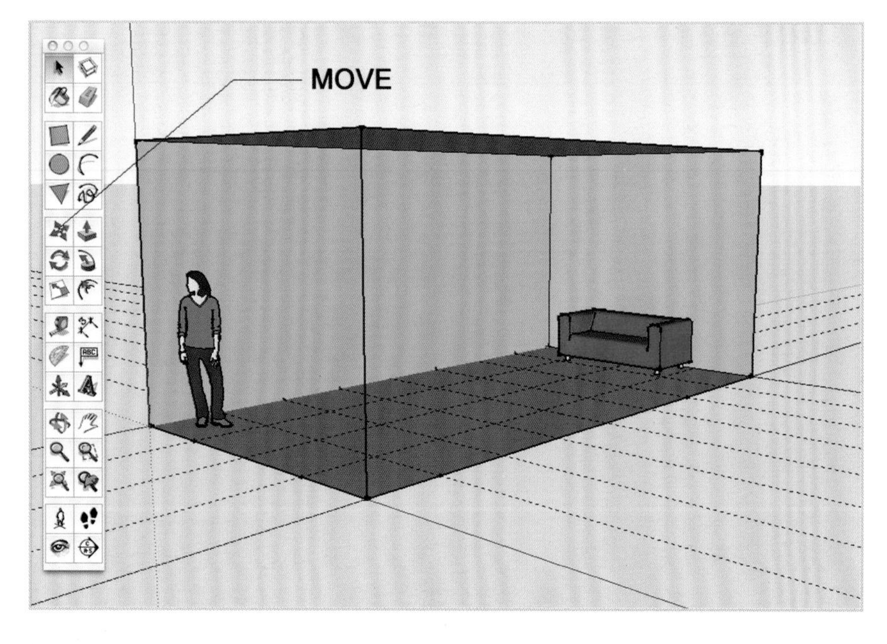

图4.11b　Move（移动）。旋转对象后，可以在空间中移动对象至任意位置。要注意保持对象在地板上，不要漂浮起来。

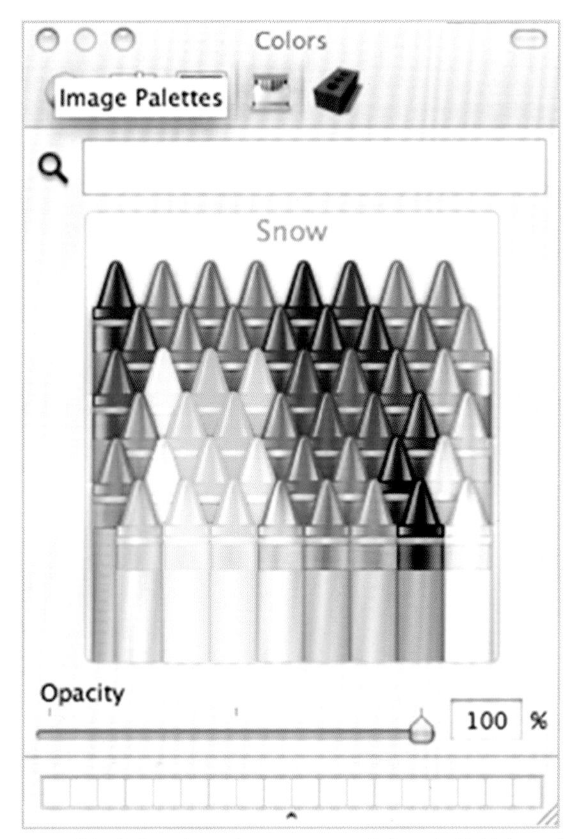

图4.12a　Color（颜色）面板。在Windows（窗口）菜单中，选择Color（颜色）命令，即可从蜡笔或色谱中选择颜色。然后在需要上色的面上单击，颜色将填充整个平面。

图4.12b　Materials（材料）面板。在Windows（窗口）菜单中，选择Materials（材料）命令，在弹出的面板中，可以从大量的材质中选择需要的材质，也可以搜索特定的材质。

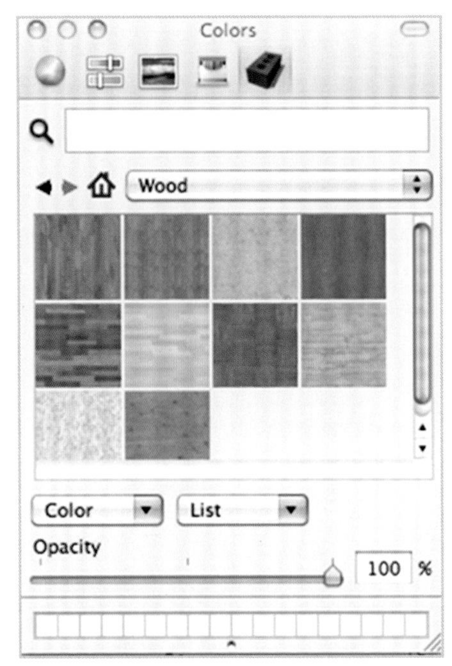

图4.12c　Wood（木质纹）面板。选择Wood（木质纹）材质面板，可以选择木质颜色和纹理。

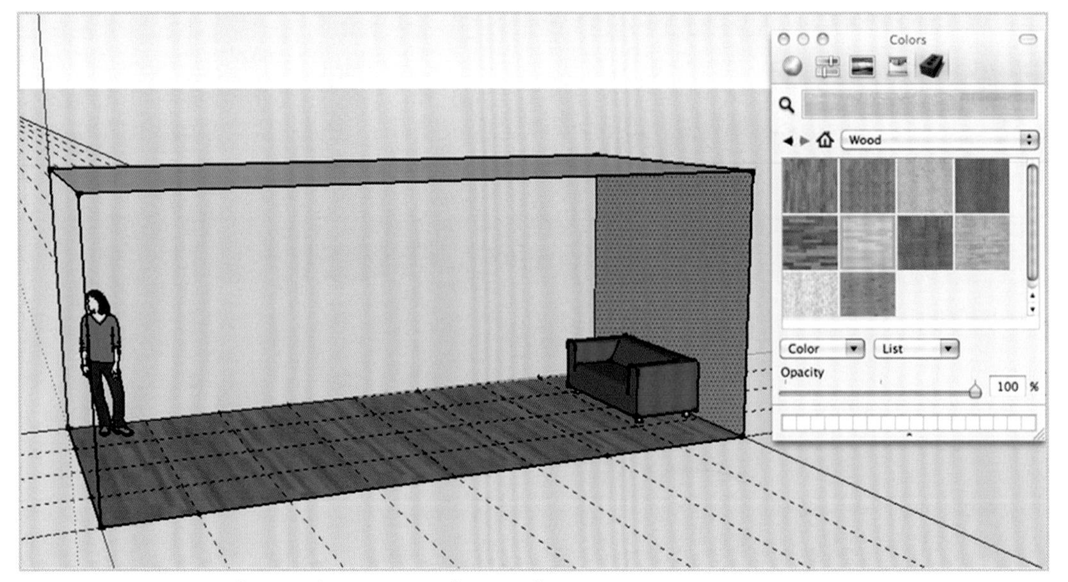

图4.13　应用Wood（木质纹）中的Floor（木地板）材质。可以调整木地板材质的不透明度。

图4.14 在Components（组件）中选择更多家具组件，并拖动到室内空间中。我们选择了宜家休闲沙发、咖啡桌、侧椅、摩洛哥边桌、波斯地毯和一个宜家约克莫克餐桌（和4个椅子）形成一套家具。墙上悬挂了一幅画作。也可以根据需要添加、删除、移动、旋转或修改组件，这项操作可能需要花费几分钟，还可以按照后面介绍的方法编辑这些组件。

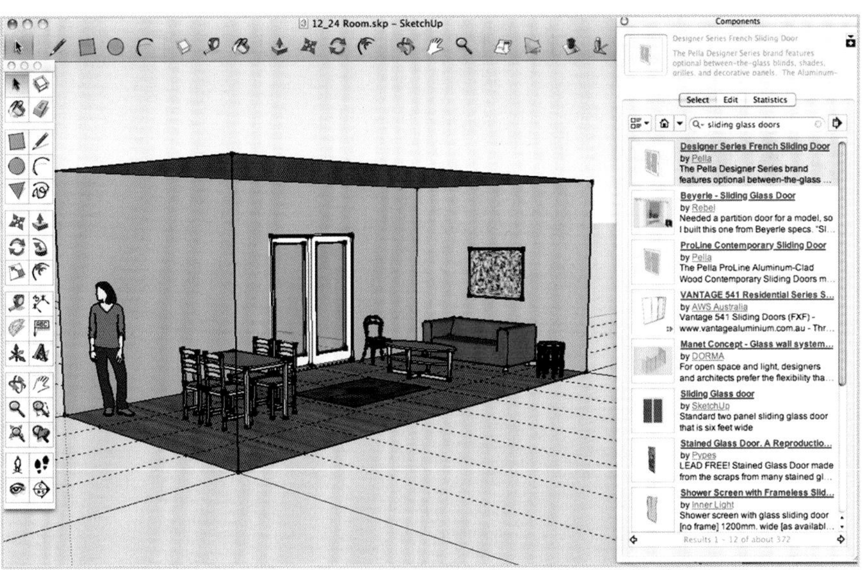

图4.15 推拉门。从组件面板中下载推拉玻璃门。选择Pella Designer Series French Sliding Door（佩拉设计师系列法式推拉门），并将其拖到墙上。

现在开始使用强大的Shadow（阴影）工具。执行“Windows（窗口）>Shadow（阴影）”命令，在打开的Shadow（阴影）面板中设置时间、日期和模型的位置。生成的阴影将会与这些参数相符合。然后执行“View（视图）>Shadow（阴影）”命令，开启阴影。提示：等到完成模型创建再开启阴影，因为阴影的生成需要大量的内存，会降低建模速度，甚至会死机。

在这里可以调整尺寸（图4.17），以准确设置模型的尺寸。还可以使用工具面板中的Text（文字）工具（图4.18）做笔记和标签。设置文字时，可以选择可添加文本框的文字工具，通过引线可以与图中的某个对象相关联。在环绕图形时，文字会跟随移动，在需要截取屏幕时，可以将文字放在边缘处。单击3-D Text（三维文字）工具，可在模型上雕刻文字，如标牌。

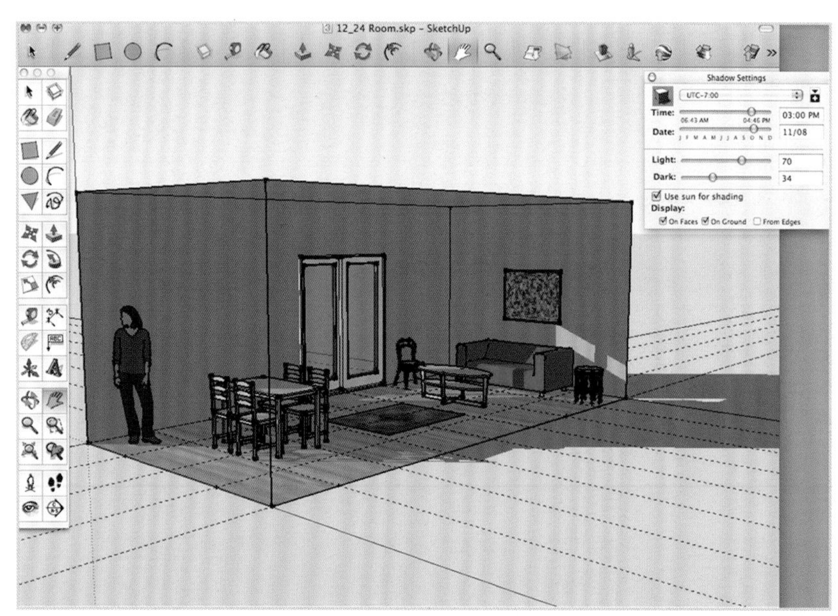

图4.16 Shadow（阴影）。在Windows（窗口）菜单中选择Shadow（阴影）命令。在Shadow（阴影）面板中，可以设置阴影的时间、日期、明暗度，以及是否使用太阳光生成阴影。提示：在View（视图）菜单中，可以切换阴影的打开和关闭状态。

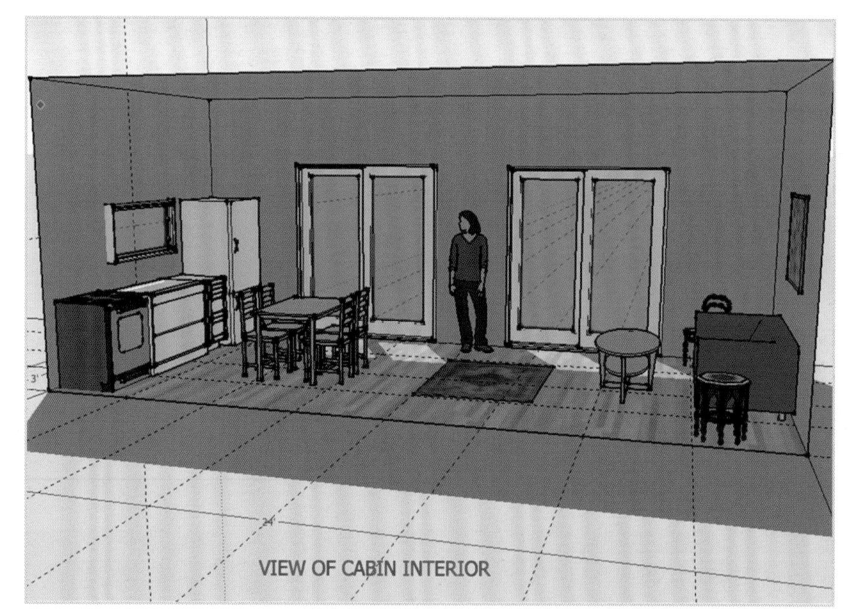

图4.17 更改阴影。在Windows（窗口）菜单中，选择Shadow（阴影）命令，调整位置、季节和时间。需要注意，图中的标题是蓝色的，表示尚未修改文本，可以使用Text（文字）工具进行编辑。

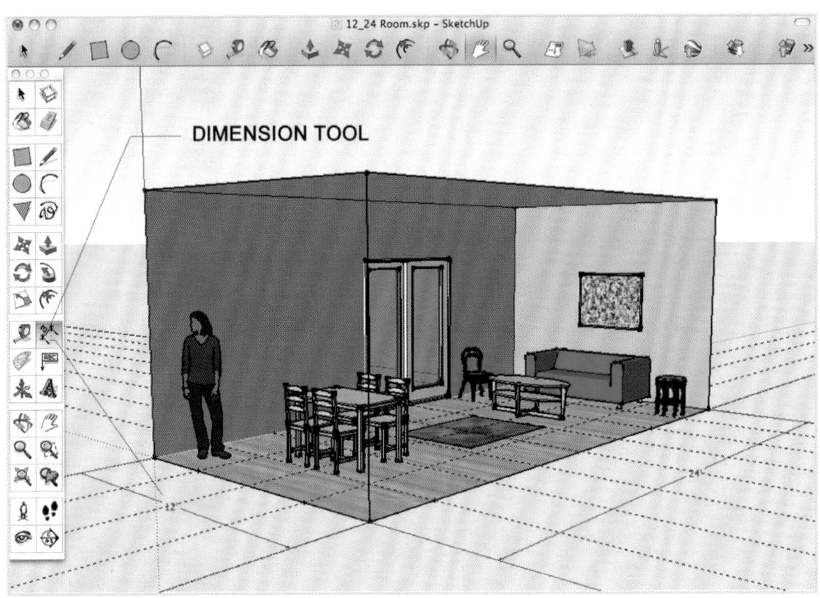

图4.18 Dimensions（尺寸）。使用Dimensions（尺寸）工具可以显示空间或家具的任意部位尺寸。只需要先单击一个点，再单击第二个点，然后移至需要的位置即可。在本例中，我们显示空间的整体尺寸和参考线的部分尺寸。

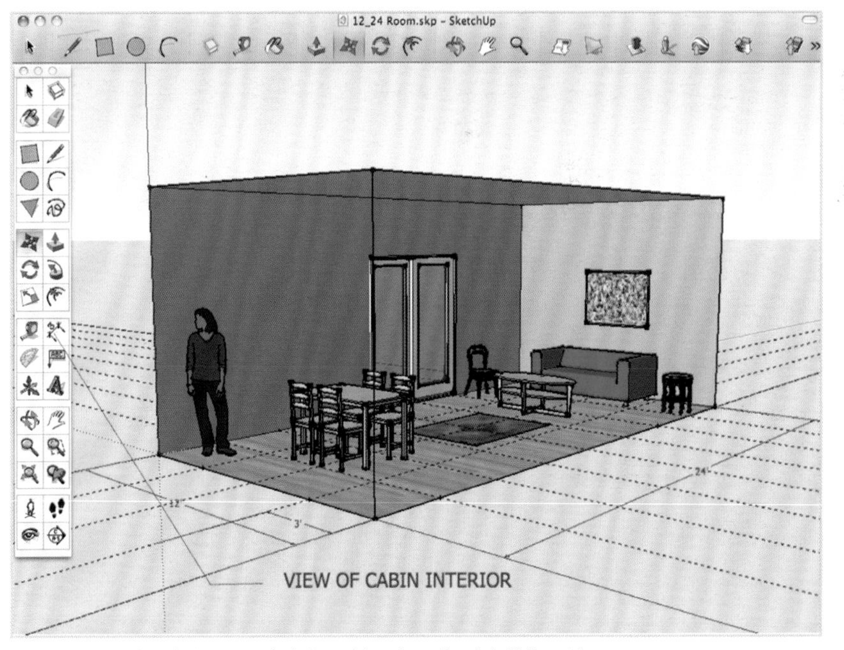

图4.19 文字可与视图互动变化，并且在环绕时会模糊不清。

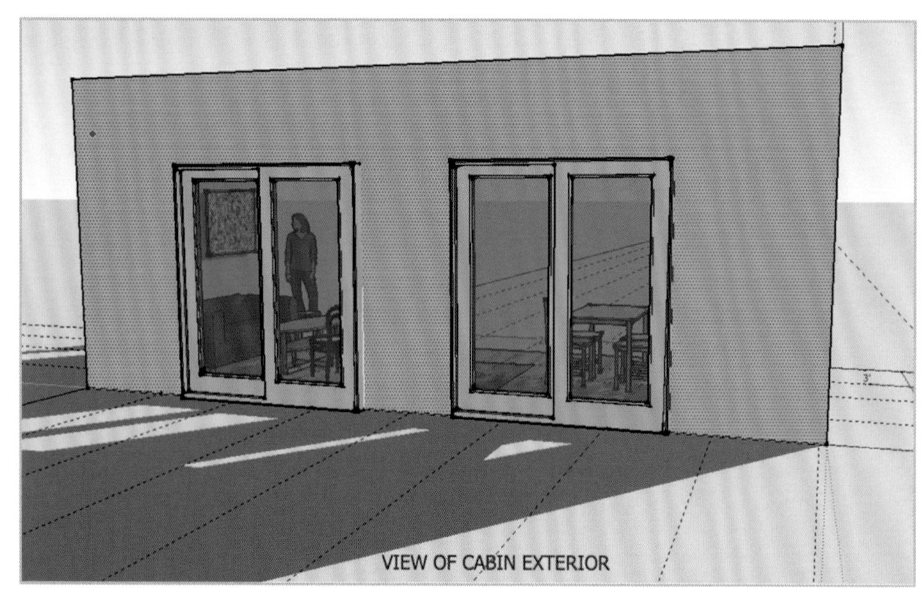

图4.20 复制室外推拉玻璃门。

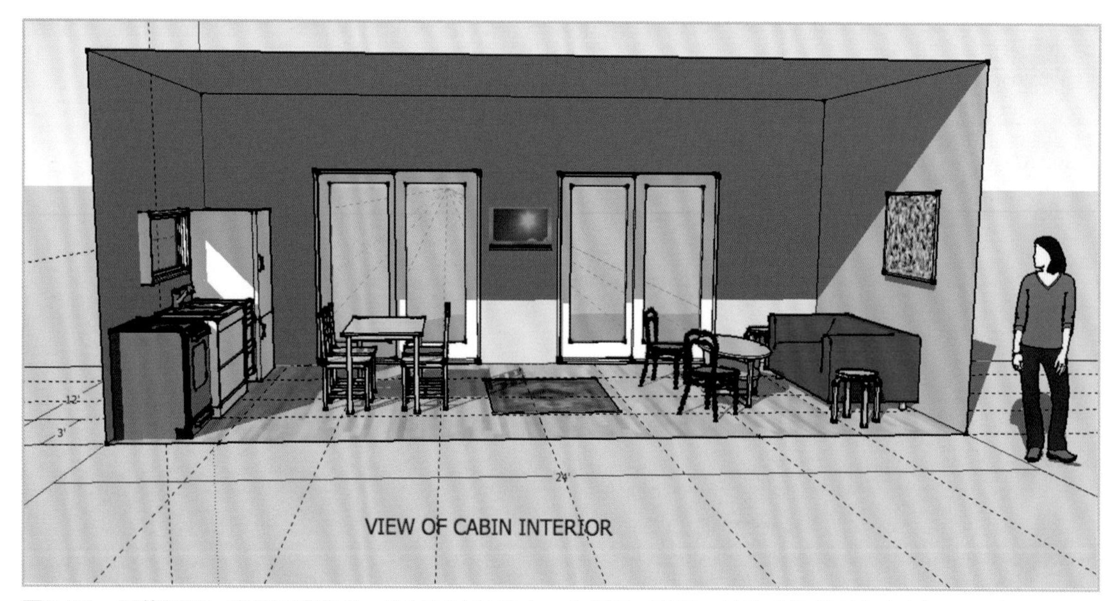

图4.21 最终视图，添加更多组件。添加厨房的窗户、电视机、凳子，并移动组件到室内空间。更改阴影，让太阳位于前方，而不是后方。

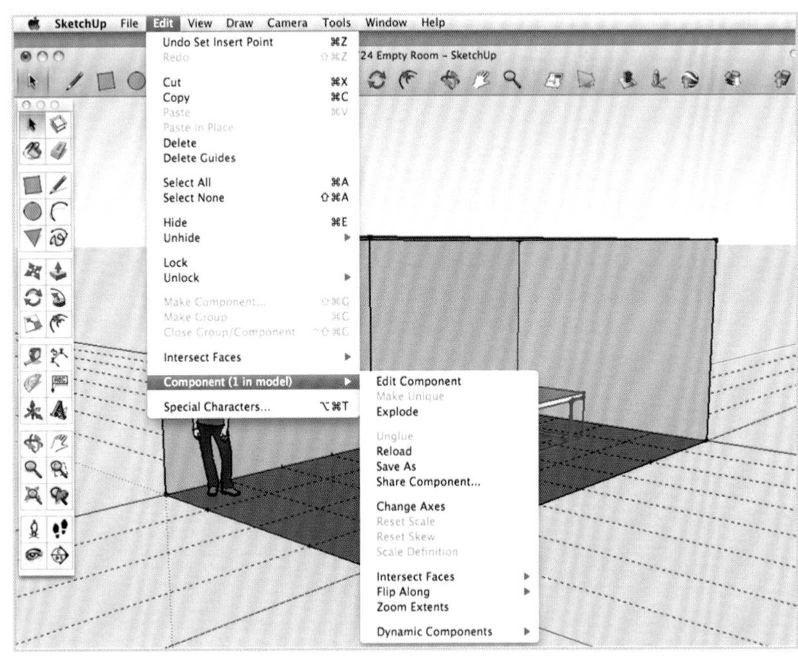

图4.22 Edit Component（编辑组件）。在Edit（编辑）>Components（组件）子菜单中选择Edit Component（编辑组件）命令，更改组件的尺寸或其他方面属性。

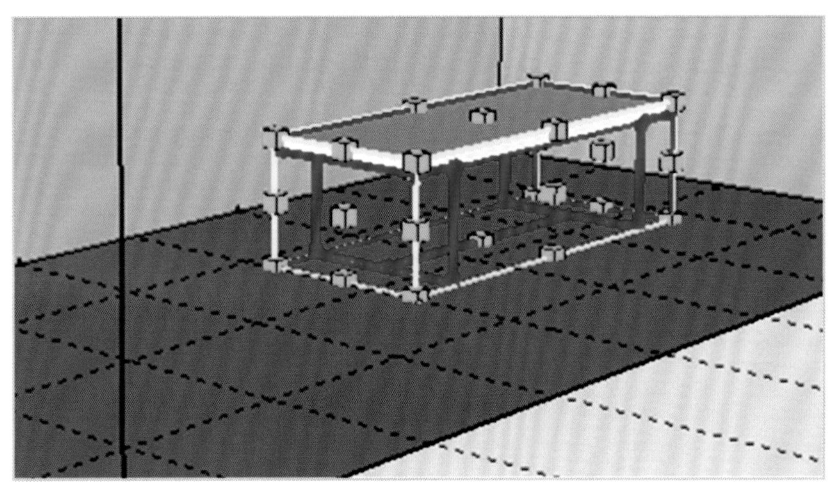

图4.23 缩放组件。选择需要编辑的组件。

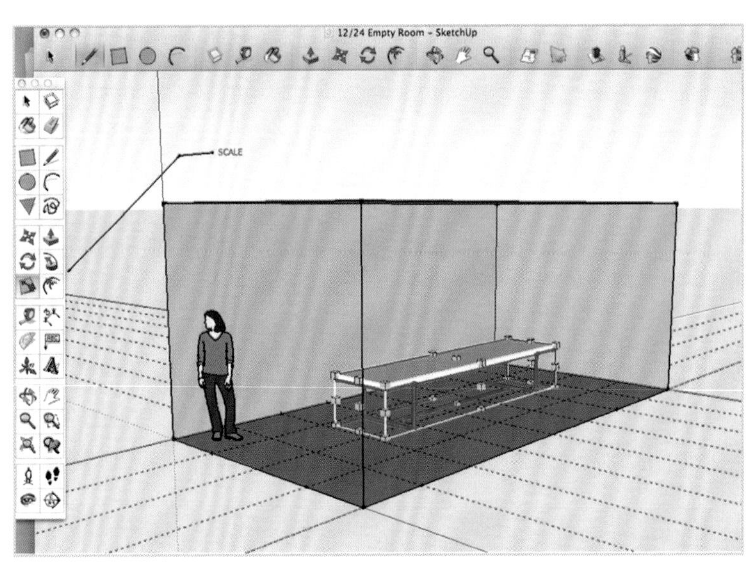

图4.24 使用Scale（缩放）工具放大组件。在本例中，我们将放大桌子模型。只需要按住一点并拖动即可。

要养成将正在创建的对象创建群组的习惯，执行“Edit（编辑）>Make Group（创建群组）命令”即可。组将更便于移动对象。还可以将自己设计的家具编组后复制并粘贴至其他图纸中。还可以执行“Edit（编辑）>Flip（翻转）”命令镜像组件。在Components（组件）面板中下载图形。

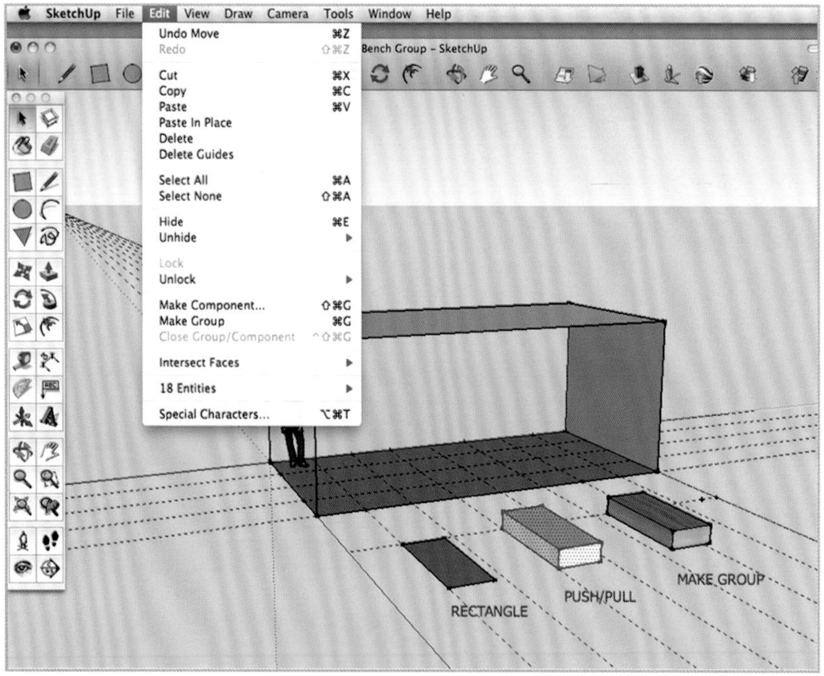

图4.25 执行“Edit（编辑）>Make Group（创建群组）”命令，创建各种矩形，用于制作长凳、枕头和靠背。执行“Windows（窗口）>Materials（材料）”命令，并在Color（颜色）面板中为靠垫添加颜色。选择需要的任何颜色（我们选择绿色），然后将其应用于靠垫。为长凳添加木材材质表面，然后将它们全部组合成更大的组，以完成长凳的创建。这幅图形中左右两边各有一个长凳组。

图4.26 斜躺的人物和坐着的人物。

图4.27 树木。在Components（组件）面板中选择树木模型，为图形添加一些环境对象。找到一或两种合适的树木模型，并将它们下载到视图中。然后执行“Windows（窗口）>Shadow（阴影）”命令，设置合适的时间。

下载一些树木模型，然后执行“View（视图）>Shadow（阴影）”命令，开启阴影。离开外墙，形成更好的室内视图。

现在我们将扩大室内空间，添加一个卧室/浴室套房。先手绘一个气泡图，然后绘制一个平面图。参见图4.28至图4.30，添加景观，并从街道和后院观看这个房子。参见图4.31和图4.32，通过这个简单的模型创建，学会使用几个重要的工具。

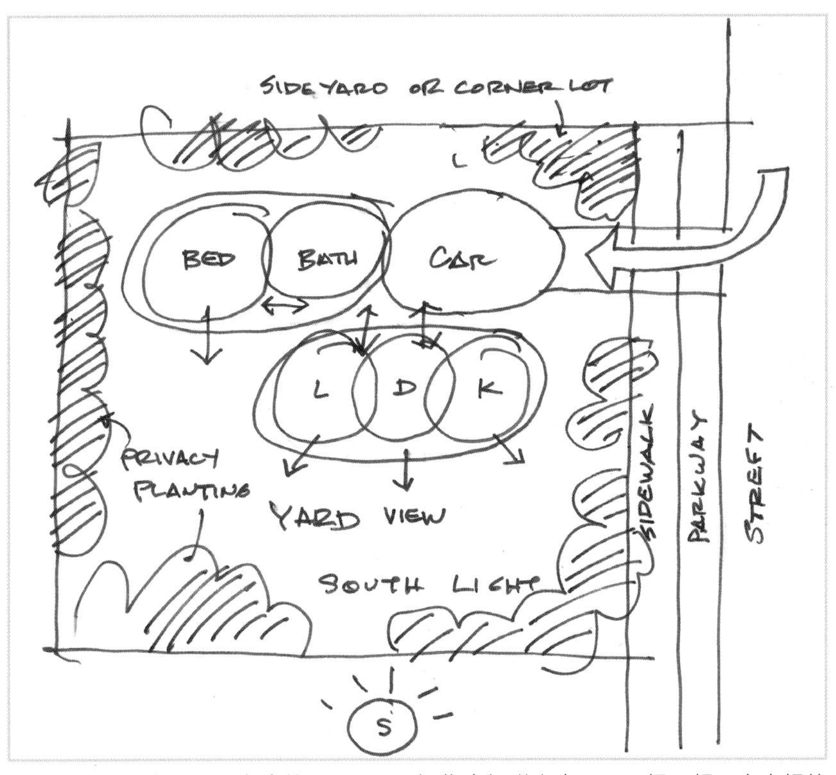

图4.28a　气泡图。现在先从SketchUp操作中解脱出来，需要想一想，究竟想从这个项目中得到什么，以及要如何展示图形。气泡图能以最快的速度勾勒出设计方案，不需要精确的尺寸，可以用图表表现项目设计。客户已经决定室内空间中要有一个卧室/浴室套间，这样才适合生活和居住。街道和行人通道位于图形的右侧。

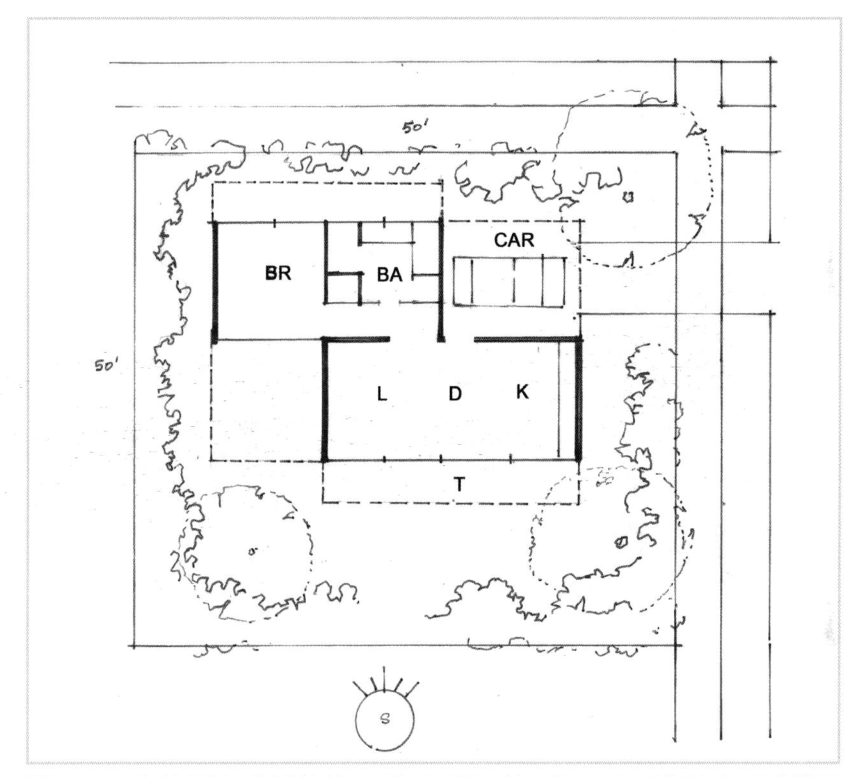

图4.28b　场地规划。尝试绘制不同的平面图，并丢弃不再需要的图形，最终满足各种需求：卧室/浴室套房，南侧的分隔功能，北侧有阳光、车棚停车场，以及隐私的保护。生活、餐饮、厨房位于左侧开放的大房间中。有一个开放的露台正对着南侧花园。室内是紧凑的566平方英尺的净内部区域。此图显示了如何使用手绘图形帮助制作数字化模型。

图4.29 配备一间卧室和一间浴室的房屋。现在，我们将添加SketchUp模型，以完成这个566平方英尺的小房间的设计。（第三部分中包含更多的房间平面图）

图4.30a 卧室/浴室套间。这幅卧室/浴室套间图展示了卧室与浴室的连接。在浴室中，洗漱区域和抽水马桶的分隔非常重要，这样才能两人同时使用浴室而保证隐私。同时，在洗手台和衣柜旁边要安放洗衣机。在Components（组件）面板中，下载一个浴缸、一个马桶、一个洗手台和一个洗衣机。

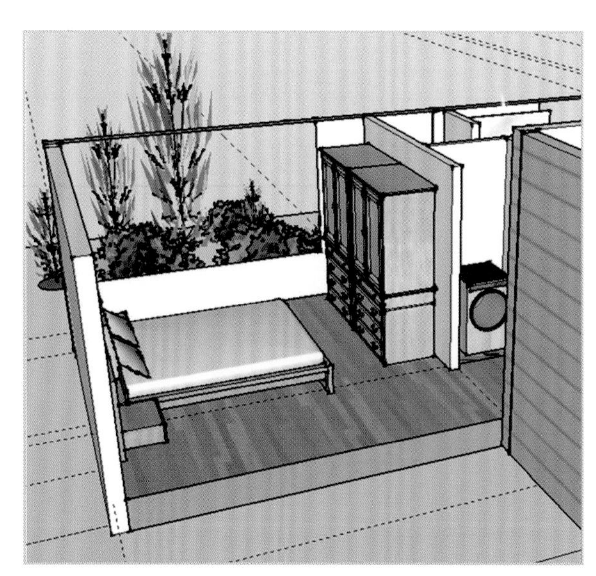

图4.30b 带有衣柜的卧室。从Components（组件）面板中下载用于放置衣服的衣柜模型，要包含抽屉和悬挂空间。

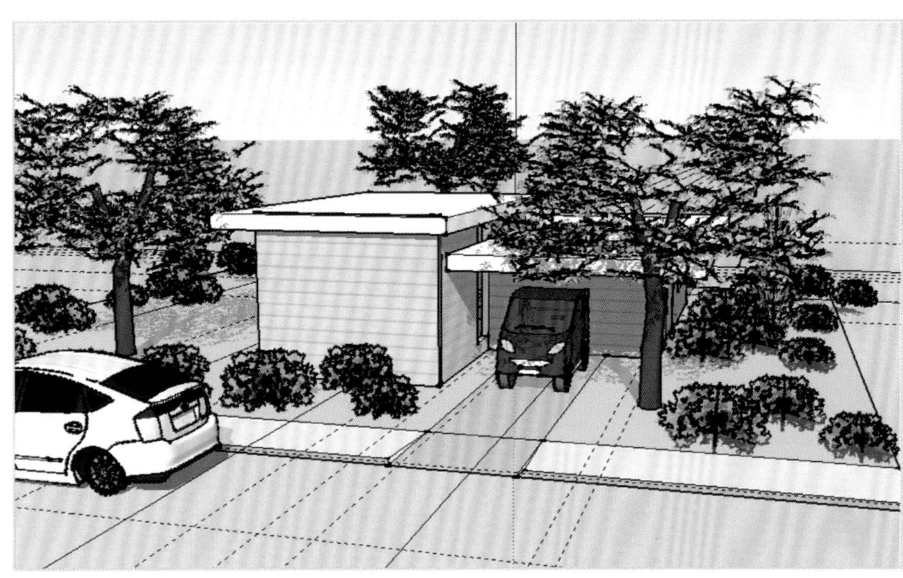

图4.31 添加车库，并从街道视角观看。下载一个小汽车模型放置在车棚下方，街道上放置一辆丰田汽车模型。

图4.32 从庭院视角观看。部分室外墙壁没有显示出来，这样便于我们观察室内细节。下载一些较高的树木和较低的灌木，形成庭院。在Components（组件）面板中可以搜索下载很多景观对象。

本章使用的工具

1. 环绕和平移视图，从不同的角度观看。
2. 缩放以进入或退出室内空间。
3. 绘制线条、矩形、圆。
4. Push/Pull（推/拉）或挤出形状使其成为3D模型。
5. 使用Tape Measure（卷尺）工具测量尺寸或绘制参考线。
6. 下载组件和材料。
7. 旋转对象。
8. 移动对象。
9. 使用Text（文字）工具制作标题。
10. 使用Dimensions（尺寸）工具显示尺寸。
11. 使用Scale（缩放）工具改变对象大小。

背景

SketchUp从2000年推出以来，已有近20年了。那时AutoCAD在美国市场发展迅猛，几乎每个设计领域都在使用。而且AutoCAD还是一个很好的2D图纸设计工具，特别是制作工作图纸或施工文件。然而，设计师需要寻求一种他们可以直接使用的3D模型工具，要易于获得，经济实惠（免费），更要便于操作。SketchUp最初的标签正是“适合每个人的3D软件”。SketchUp在快速创建3D模型方面做得很棒，并且可以随时以任意角度查看模型（但创建的模型可能尺寸并不完全精确，显得有点不真实）。在SketchUp中设计师还可以研究太阳和阴影的影响。Google于2006年收购了SketchUp，并提供了一个巨大的模型库，其中包含数千个组件、家具、景观、人物和汽车模型，这些模型可以下载到SketchUp中使用。此外，许多制造商提供了产品的SketchUp格式3D模型，通过Google Warehouse可以下载使用。

关键术语

菜单： SketchUp窗口顶部的菜单栏中列出了可用于模型的21个工具和命令。

工具栏： 执行“View（视图）>Palette（面板）>Large Tool Palette（工具栏）”命令，可以在窗口左侧打开一个含有32个工具的工具栏。

Orbit（环绕观察）： 此工具可以在模型中飞绕到不同的视角。

工具： SketchUp菜单中显示的具体项目，使用工具进行模型的制作。

地板： 在SketchUp中，地板可以挤出成3D模型，比如6至12英寸厚的板块。然后创建成组，这样便于移动。

练习

1. 尝试在这个模型上放置外墙、门和窗户。

2. 使用不同尺寸的矩形和挤出的实体。

3. 以不同的空间关系将它们安置在场景中。

（参见第12章中Pappageorge Haymes的私人住宅，作为开发SketchUp模型的案例）

CHAPTER 5

Photoshop操作技术

目标

- 为手绘草图快速添加颜色。
- 学习如何将设计拼贴到现有场景中。
- 调整图像大小和视角，以匹配现有场景照片。
- 添加人物、街道、汽车和树木等环境对象以完善图像造型。
- 快速更改颜色方案。
- 学习如何将SketchUp文件转换成Photoshop文件，以便于合成和编辑。
- 学习如何将SketchUp视图保存为jpg格式文件，并导入Adobe Photoshop中与其他图像合成。
- 学习更多技巧用于编辑合成文件。

概述

本书不能详细介绍Photoshop中的所有技术，本章主要介绍室内设计师和建筑设计师最常用的基本操作。Photoshop是一款非常强大的软件，拥有丰富的工具和功能。众多的室内设计师、摄影师以及建筑设计师都会使用这款软件。Photoshop最初是由Macintosh于1990年独家推出的，很快即成为数字图像编辑的行业标准。[1]

开始使用Photoshop

您可能听别人说过，Photoshop是一款针对摄影师的软件，用来修饰图像或调整颜色、对比度和亮度，这并没有错，但是，其中的很多调整功能可以在iPhoto软件中实现，Photoshop远比修图软件强大得多。对于建筑师和设计师而言，可以使用Photoshop表现项目的环境景观，比如，通过不同的颜色方案或不同的室外视图来表现环境。另外，也可以使用Photoshop导出图像用于合成。

在开始使用Photoshop时，首先需要设置画布。可以设置较大的画布，也可以选用不同尺寸的模板。在这里，我们应用8.5 × 11英寸画布，这样可以在家用打印机上打印出来。如图5.1所示，在对话框中选择英寸作为尺寸单位。根据最终输出的需要，选择分辨率。如果图像仅在屏幕上显示，比如PowerPoint幻灯片、电子邮件附件图像等，则采用72像素/英寸的分辨率即可。如果要按原始尺寸打印图像，则需要200至300像素/英寸的分辨率。图像尺寸越大，占用的存储空间越大，所以还是要慎重点。

1. http://en.wikipedia.org/wiki/Adobe_Photoshop#Early_history

还需要将之后会用到的图像分别存储在不同文件夹中，比如人物、汽车、树木、城市建筑、家具、景观等。这样将图像放在不同文件夹（或Photoshop中的不同图像库）中，在后面操作中需要使用时，可以快速找到图像。

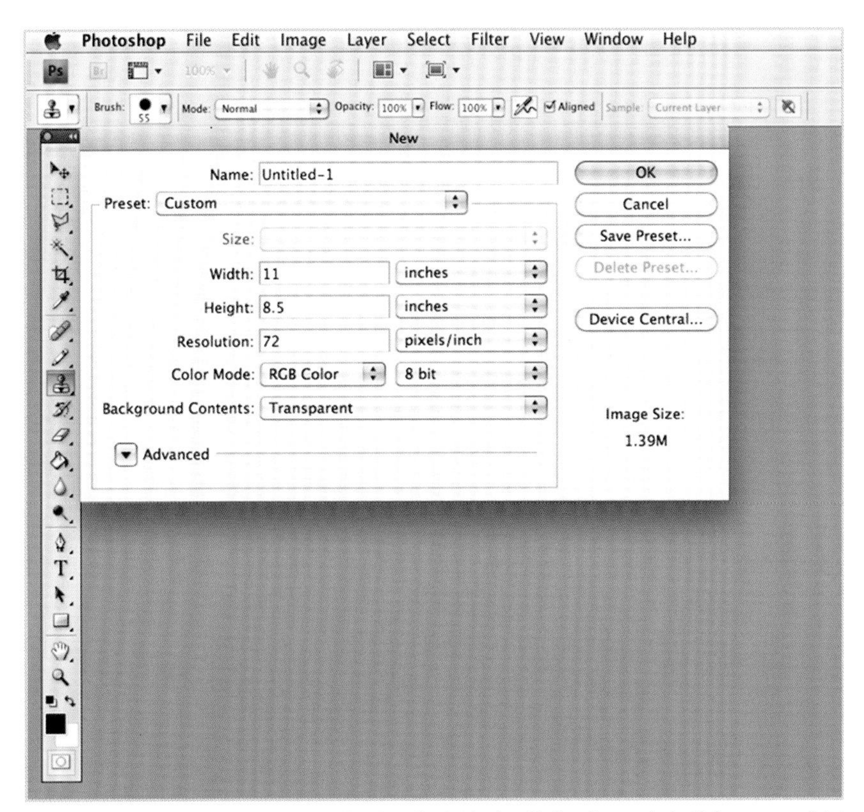

图5.1　画板设置。在开始一幅新的图像文件时，执行“File（文件）>New（新建）”命令新建文件。在菜单栏中执行“Image（图像）>Image Size（图像大小）”命令，可以根据需要设置图像的大小。对于在屏幕中展示的图像，使用8.5×11英寸大小和72像素/英寸的分辨率即已足够。对于打印输出的图像，设置图像大小为打印的尺寸，设置分辨率为300像素/英寸。

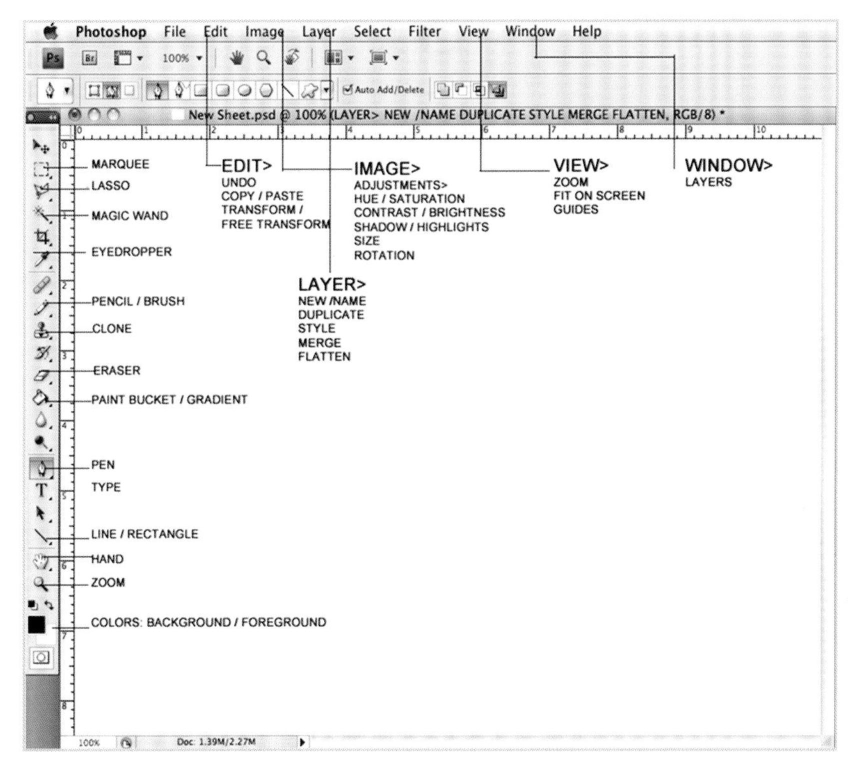

图5.2　使用菜单和工具。这是Photoshop中设计师最常用的菜单和工具的图示。菜单栏位于窗口顶部，工具栏位于窗口左侧。

Photoshop启动后的界面中包含37个不同的基础命令（图中已做标注），其中的很多命令还包含子命令。这里不可能将所有这些命令的细节完全介绍，但是我们会通过实例展示基础命令的操作，也希望大家自己尝试探索这些命令。

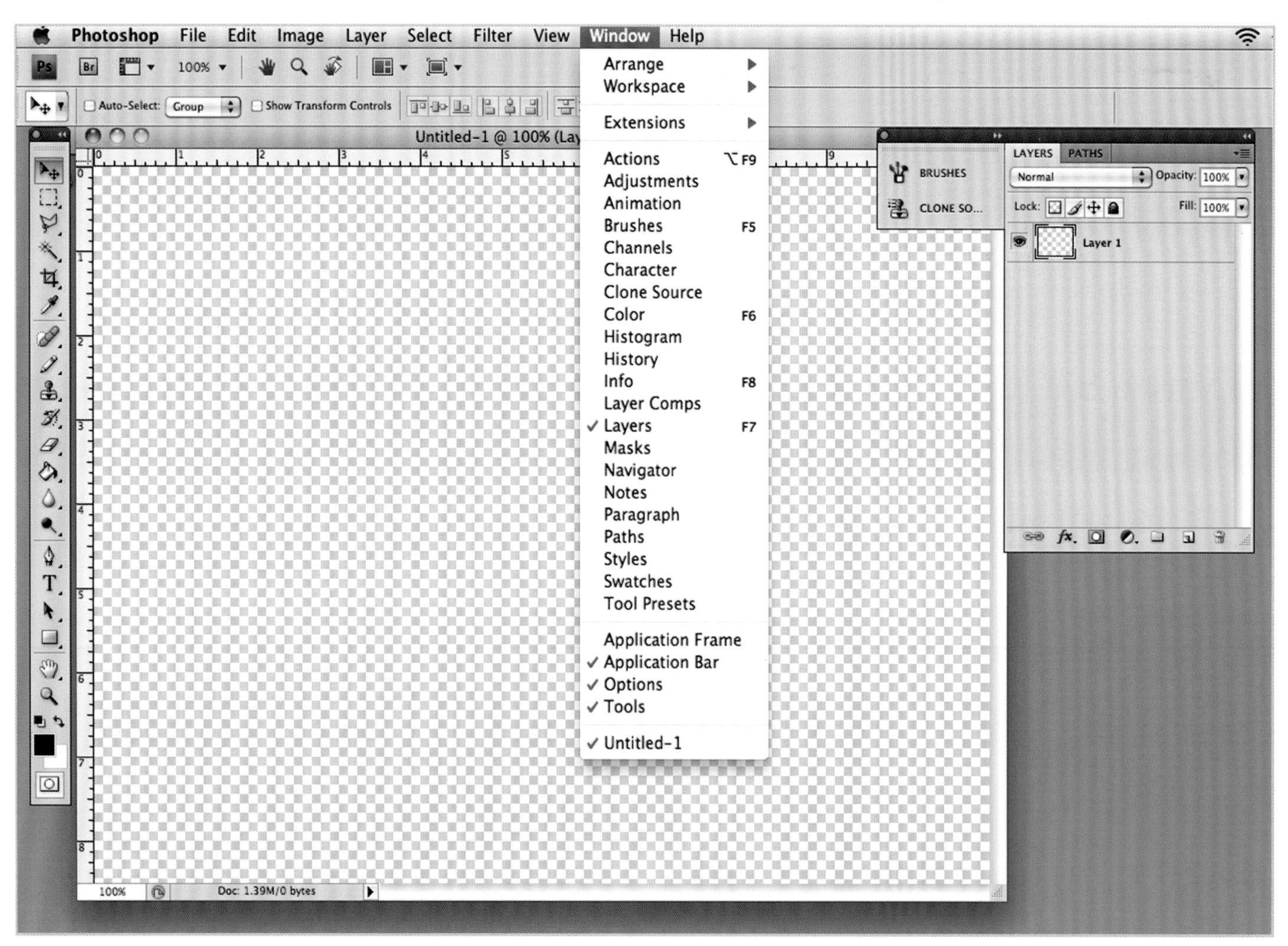

图5.3 Windows（窗口）>Layers（图层）。通过Windows（窗口）菜单，我们打开了内容丰富的工具栏。Windows（窗口）菜单中还能打开其他各种重要的面板，包括Arrange Workspace（窗口布局）、Layers（图层）、Color（颜色）、Text（文本）、Paragraphs（段落）、Options（选项）和Tools（工具）等，分别选择不同的命令，留意窗口中出现的新的面板。Layers（图层）面板非常重要。提示：图层名称旁边的眼睛图标用于设置该图层的可见性，如果不需要显示该图层内容，可以将其关闭。

现在，我们可以开始使用其中的一些工具了，其中最重要的即是图层。执行“Windows（窗口）>Layers（图层）”命令，打开图层面板。首先，可以双击背景图层将其解锁，这样即可在该图层中进行操作。然后执行“Layer（图层）>New（新建）”命令，打开New Layer（新建图层）对话框。根据图层内容进行命名，比如Pencil（铅笔）、Background Color（背景颜色）或其他任何可以与原始图像区分开的名称。使用Transform（变换）命令更改图像大小时，同样要在特定的图层中进行操作（在之后的章节中将详细介绍）。添加文本框时通常会自动创建一个新的图层，并会根据输入的内容自动命名。使用多个图层一般会增加硬盘占用空间。在某些情况下，可以根据需要将图层面板中的一些图层合并，或者将图层拼合起来保存到硬盘中。这可以通过Layer（图层）菜单中的命令来完成。另外，要注意图像底部显示的Document Size（文档大小），如图5.4a所示（在本例中为1.39MB）。在添加图像和图层时，要留意此处的数值。

图5.4a　Layer（图层）菜单。图层是Photoshop中最强大的工具之一。使用图层，可以制作多重图像、部分隐藏区域、合并图层、设置一个图层对另一个图层颜色的影响方式。简而言之，可以在一个图层中操作而不会影响其他图层（后面会演示相关案例）。还可以编辑或复制图层。在Layers（图层）面板中，还有一个默认为Normal（正常）的选项（之后，将会演示如何将其设置为Multiply（正片叠底），使线条透过实色图层显示出来）。

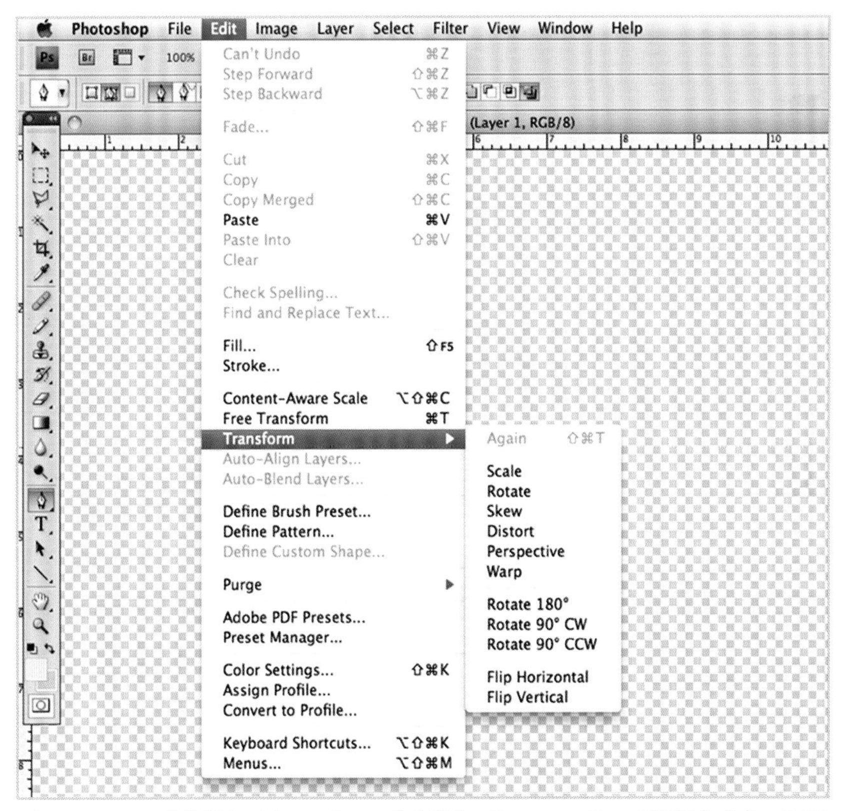

图5.4b　Edit（编辑）>Transform（变换）>Perspective（透视）命令。可以调整图像大小、分辨率、对比度、亮度以及色相、饱和度和色值，还可以进入任何透视视角浏览图像。

操作时经常需要创建简单的线条图形，然后更改图形背景，为此，首先要将线条图形与白色背景分离，可以采用多种方法实现分离。本章我们选用了法国布列塔尼的历史名迹圣马洛教堂图像为例进行讲解。教堂建立在2000多年前的寺庙和教堂的废墟之上。置身其中，特别是在黄昏、黎明和夜晚时分，将会被潮湿空气所产生的氛围颜色的变化深深触动。使用Photoshop，您可以记录和修饰这些感触。

图5.5a　法国布列塔尼圣马洛教堂的线稿图。这幅场景图形是使用墨水在白色Strathmore Bristol纸张上绘制的，之后扫描导入Photoshop中。

1. 选择Magic Wand（魔棒）工具，选择线稿图内部区域。然后反向选择，按下Delete键。此时将只保留线条。可能会发现漏删了一些区域，再次进行上述操作直到删除干净。

2. 执行“Select（选择）>Color Range（色彩范围）”命令，使用滴管工具在白色背景上取样（参见图5.5b）。选中白色区域后，按下Delete键，将其删除，这样即形成透明的背景。

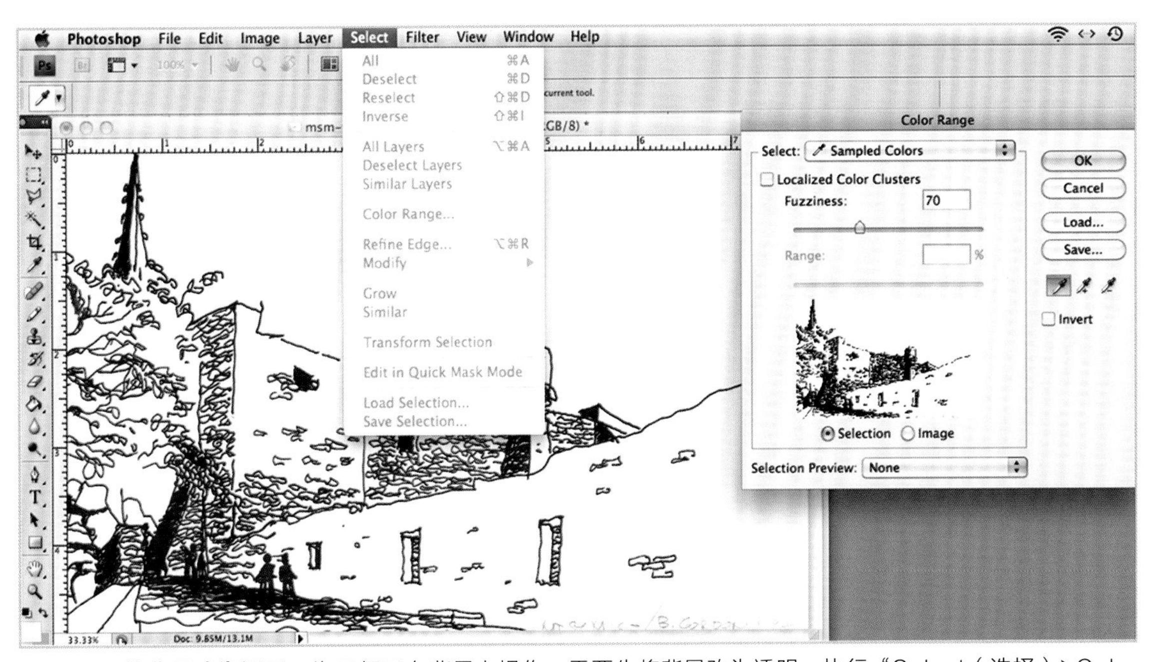

图5.5b 将背景改为透明。为了便于在背景上操作，需要先将背景改为透明。执行“Select（选择）>Color Range（色彩范围）”命令，在打开的对话框中，可以轻松完成设置透明背景的操作。对话框中显示了滴管工具，使用滴管工具可以选中单击位置的颜色区域（提示：将颜色容差设置得较小，则将选中与单击颜色更贴近的颜色区域）。单击对话框中OK（确定）按钮。然后按下Delete键，选中的颜色区域像素即被删除，本例中整个背景区域将被删除。之后，执行“Select（选择）>Deselect（取消选择）”命令，即可取消选中状态。这种方法可以用于删除任何一种颜色区域。

3. 可以为背景填充任意需要的颜色，或者在另一个图层中放置图像，比如远景景观或其他建筑物图像。

4. 还可以使用Gradient Fill（渐变填充）工具，该工具位于Paint Bucket（油漆桶）工具组中，使用此工具可以生成颜色从暗到明的渐变效果。可以设置从顶部到底部渐变，或者从左侧到右侧渐变。试用此工具，了解其使用方法。

5. 如果已经将其他图像添加到了一个独立的图层中，则可以通过执行“Edit（编辑）>Transform（变换）”命令对其进行编辑。在该图像所在的图层中进行更改，不会影响到其他图层。可以更改图像的大小、旋转图像、扭曲图像、校正透视，以及其他需要的操作。如果想在某张图像上或图像的某个区域使用Eraser（橡皮擦）工具，则一定要确保已经选中该图像所在的图层，这样才能擦除像素而不会影响其他图层中的图像。

图5.5c 至此，线稿图的背景已变为透明，这样便于之后添加背景和前景图层为图像着色。

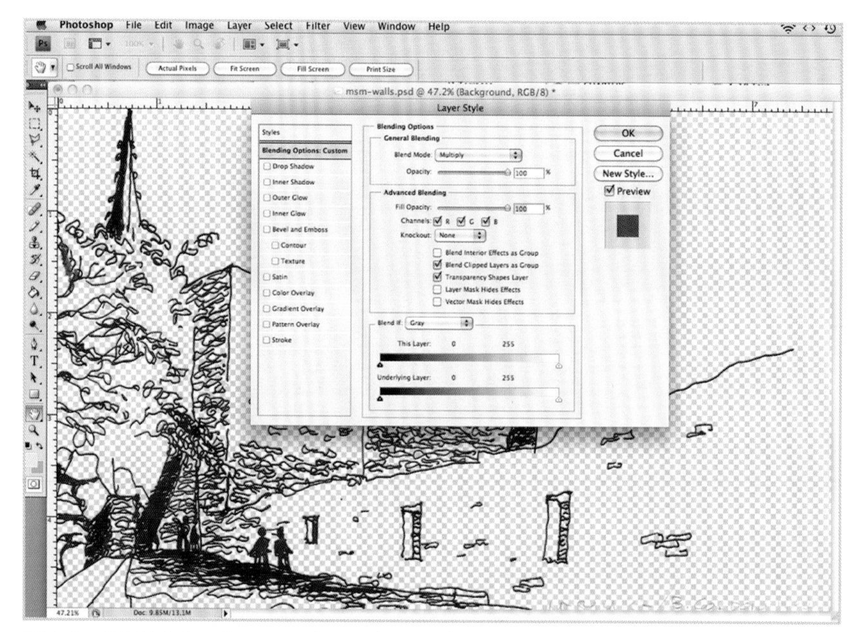

图5.6 混合模式。在Layer（图层）面板中单击Layer Style（图层样式）按钮，选择Blending Options（混合选项），在弹出的对话框中设置Blend Mode（混合模式）为Multiply（正片叠底），可以将图层叠加，并且线条将透过着色图层显示出来。

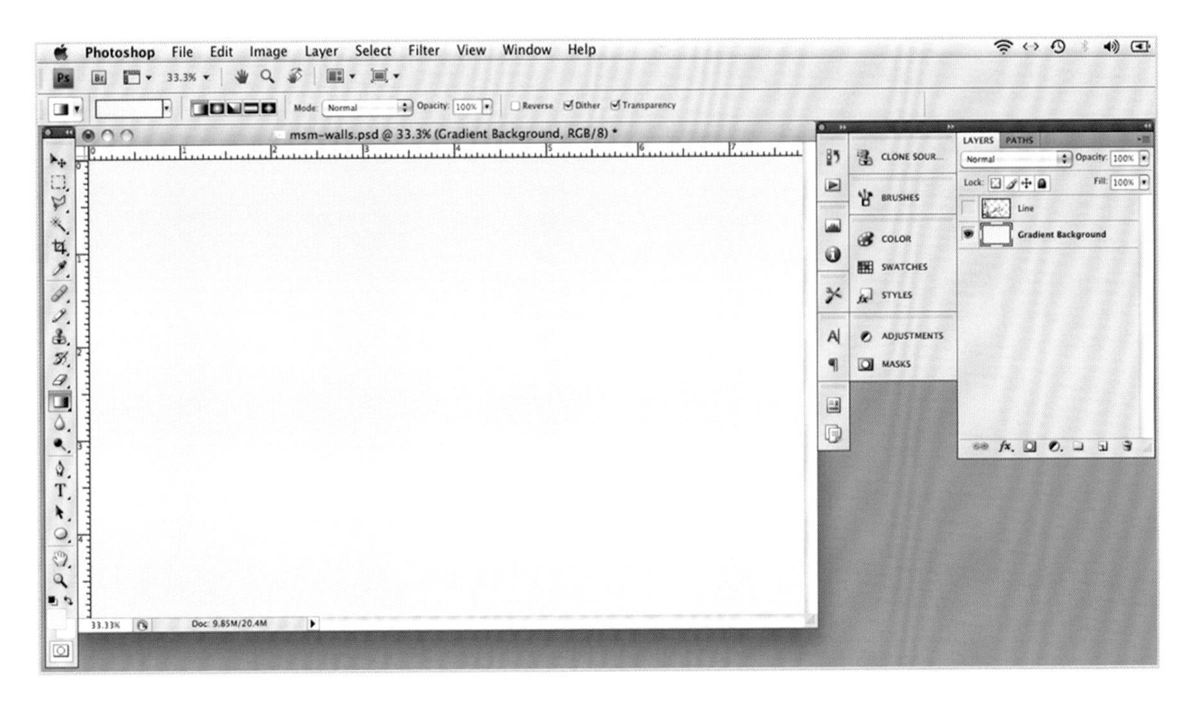

图5.7a 渐变图层。添加一个新的图层，将其命名为Gradient Background（渐变背景）。

图5.7b Gradient（渐变）工具。渐变工具在左侧Paint Bucket（油漆桶）工具组中。提示：可能会误将渐变工具图标与矩形工具图标混淆，需要认真辨认，选择渐变工具后，会显示对应的选项栏，在此可以根据需要调整渐变颜色、渐变类型。之后，在选项栏中选择Linear Gradient（线性渐变）类型，在选定区域绘制一条线，即可显示渐变效果。可以尝试绘制不同的线条，应用不同的渐变。

图5.7c 打开线稿图层。 查看整个线稿图像。

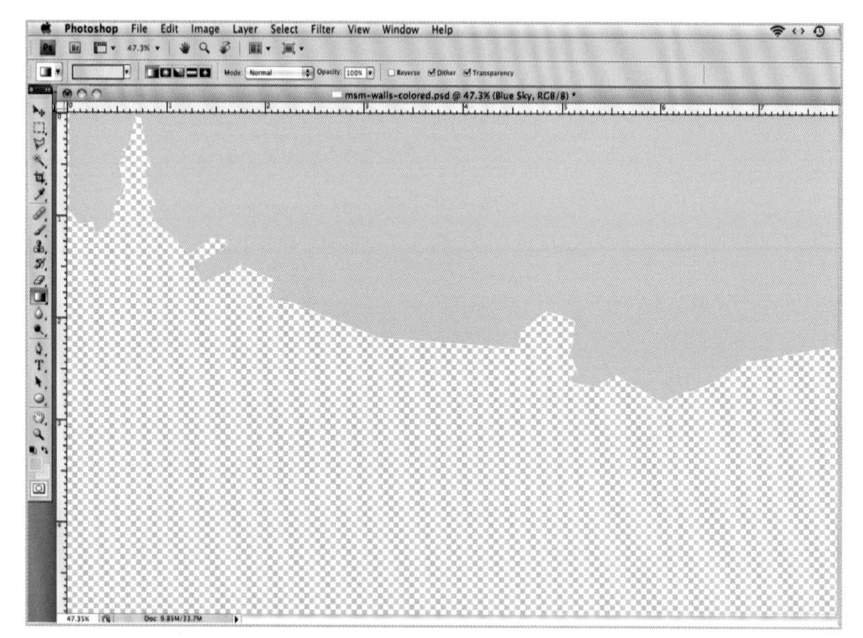

图5.8 尝试制作渐变的天空，表现日出或日落。这里也可以从自己的图片库中选择并插入一张天空照片。

图5.9 如果需要让线条图形透过着色区域显示出来，则将图层的Blending Mode（混合模式）设为Multiply（正片叠底）。

Photoshop基本工具

在之后的章节中，我们将探索使用菜单栏中的各项命令，以及工具栏中的基本工具。

1. Layers（图层）。Photoshop的一项强大功能，能够将图像分离在不同的层中，便于编辑和合并多个不同的图像。

2. Edit（编辑）菜单中包含Cut（剪切）、Copy（复制）、Paste（粘贴）、Undo（撤销）及其他相关的功能。Image Adjustments（图像调整）功能也位于此菜单中。

3. Image Adjustments（图像调整）。在此菜单中，可以调整图像大小、分辨率、对比度、亮度，以及色相、饱和度和色值。

4. Transform（变换）。在Edit（编辑）菜单中，有一个非常有用的命令，即Transform（变换）命令，使用该命令可以缩放、浏览、变形或校正透视。

5. Filters（滤镜）。使用各种滤镜可以更改线条图或图像的特征，形成各式各样的效果，包括手绘效果、水彩效果、像素化效果等。

6. Viewing（视图）>Zooms（放大）、Rulers（标尺）、Guides（参考线）。通过该命令可以调整图像的显示大小，以及显示标尺、参考线等。

我们还将介绍Photoshop左侧工具栏中的部分基础工具：

1. Pencil（铅笔）工具和线条尺寸
2. Brush（笔刷）工具
3. 测量和导航工具
4. Select（选择）工具、Marquee（选框）工具、Rectangular（矩形）工具和Lasso（套索）工具
5. Eye Dropper（滴管）工具
6. Magic Wand（魔棒）工具
7. Cropping（裁切）工具
8. Slicing（切片）工具
9. Moving（移动）工具
10. Rotate（旋转）工具
11. Eraser（橡皮擦）工具
12. Paint Bucket（油漆桶）工具和Gradient Fill（渐变填充）工具
13. Type（文本）工具
14. Retouch（克隆工具）和笔刷大小
15. 油漆桶（颜色区域）
16. 渐变背景

本书中艺术馆中的很多图像都是使用Photoshop制作完成的。在SketchUp或其他软件中完成模型创建后，经常会先将图像截屏保存，然后在Photoshop中打开，进行编辑和修饰。在SketchUp或其他资源中找到需要的图像时，可以通过截图进行保存。苹果机中，按下Command+Shift+4组合键，即可选择区域进行截屏，将其保存为png格式文件，之后即可在Photoshop中将其打开，并保存为jpg格式。

关键术语

Layer（图层）： Photoshop中的一项重要功能，可以将多个图像保存到一个文件中，且相互之间互不影响，便于分别进行编辑。

合并： 将不同图像粘贴到Photoshop中的不同图层中，类似于粘贴纸张。

Magic Wand（魔棒）工具： Photoshop中的一种选择工具，能够“魔术般”地选择不规则区域。

截屏： 找到需要的图像时，可以通过截屏将图像保存下来。

Paint Bucket（油漆桶）工具： Photoshop中一种可以为大块区域着色的工具，类似于倾倒一桶油漆的效果。

Gradient（渐变）工具： 与Paint Bucket（油漆桶）工具类似，但是渐变工具可以形成一种颜色渐隐成另一种颜色的效果。

Transform（变换）： 可以在一个图层中更改图像的状态，而不会影响到其他图像。

练习

1. 拍摄几张数码照片，并将照片保存到不同的文件夹中。在iPhoto软件中，可以将照片保存到不同相册中，而不需要在硬盘中添加文件夹。

2. 选择一张基础图像，并尝试不同的背景、景观图像或建筑图像。

3. 选择一张带有大窗户的室内视图，最好是一张室内角落视图，然后选择窗户区域，并将其删除。尝试在窗户区域添加不同的室外景观。

4. 根据室外景观的颜色，更改室内场景的颜色方案，使室内室外颜色和谐。

5. 在视图中添加人物图像，可以放置站在室外的人物图像，也可以放置坐在室内的人物图像。要将人物图像置于独立的图层中，这样便于调整其大小、填充阴影或颜色，以及调整填充的透明度。提示：可以使用Filter（滤镜）>Stylize（风格化）>Find Edges（查找边缘）滤镜描绘出图像的线稿图。这样可以让人物图像风格与整体图像相匹配。保证人物图像的真实感是非常重要的，这就要求精确调整其大小尺寸，注意不要让人物图像占据室内视图的较大区域。

CHAPTER 6

媒介融合：综合应用技术

目标

- 了解如何综合使用在前面章节中学习的各种技术，包括手绘图形和绘制数字图形的技术，进行设计演示开发。
- 了解所选择的渲染将如何通过设计影响客户。

概述

在开始设计时，可能很难决定要使用哪种技术。要应用何种技术，部分取决于我们希望达到的目标，以及可用的时间长短，另一部分取决于我们对客户的期望的理解，这也和个人工作风格有关。在本章中，我们先从手绘开始解决这个问题，然后通过数字建模进一步开发设计。将这些手绘图形和模型导入Photoshop中用于演示。然后我们会反过来，尝试使用数字模型作为基准进行图形绘制。（需要注意的是，AutoCAD图纸也可以导入到SketchUp中或保存为Photoshop文件。仅需了解即可，因为本书中并不涉及AutoCAD操作。）

工作室和家居项目

如何开始绘图，是个人的创意选择，这正是设计工作的趣味所在。当代设计师面临的挑战可能恰恰是有太多的选择，当然，也会有更多的可能性。在本例中，我们先从第4章的手绘图形开始，绘制一个横截面，可以追踪描边SketchUp模型或者手动绘制一幅草图。在手绘过程中，可以尝试不同的屋顶：平屋顶、棚屋顶或尖屋顶。安置了尖屋顶后，将空间向前延伸，形成一点透视。此视图能显示室内家具以及室内外的关系。室内可以通过梯子进入楼上，楼上可以设置睡眠阁楼、客房、办公室或储物间。

现在，让我们看看工作室的外观。因为我们已经在SketchUp中建立了工作室模型，因此可以探索不同的视图。选择最喜欢的视图，并进行描边，以建立手绘风格的演示图形。这里将一张纸放置在模型上，追踪描边模型以添加颜色和材质。将这两个图像合并为一幅jpg格式图像。在Photoshop中打开图像，可以添加自己保存的人物图像。如果没有找到喜欢的图片，可以在互联网上搜索能够用于照片渲染的人物图像。

图6.2b显示了综合应用SketchUp模型、手绘追踪描边和Photoshop修图功能形成的图形效果，其中包括导入人物图像。可以按照任意顺序或组合来完成图形。下一张图中保留了草图，但是背景已经被移除，形成一幅更简洁的演示图形。

从第4章设计的工作室空间开始创作。注意：可以把它想像成为住所中的一个客房，或家庭场景中独立的艺术工作室。此练习的目的是了解不同的命令，以及如何综合使用这些命令和手绘、渲染实际建筑环境的技术。

图6.1a　剖面A。平顶屋，使用手绘和快速手绘草图技术，追踪描边第4章绘制的图形，以尝试不同的屋顶。主房间的屋顶高度为10英尺，门廊天花板高度为8英尺。面对街道有一个入口门廊，正对着院子有一个露台门廊。

图6.1b　剖面B。在整个建筑物上添加棚屋顶，向外延伸至庭院（南）。

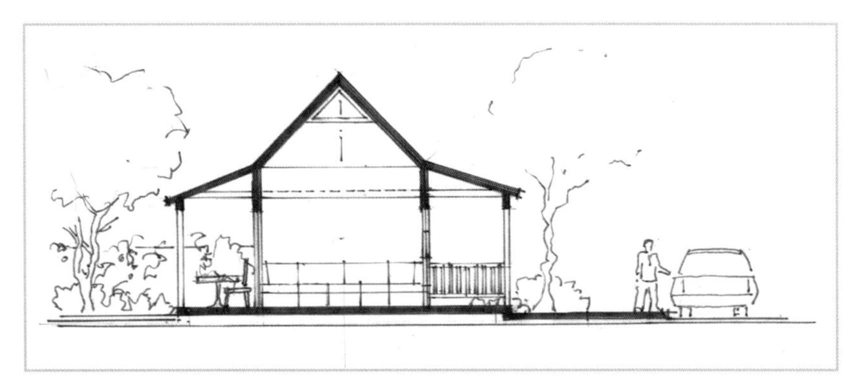

图6.1c　剖面C。在10英尺高的墙壁上放置成45° 角的尖屋顶。然后向下延伸放到8英尺高的门廊上形成阁楼，可以通过梯子进入阁楼。阁楼的立面高度能够容纳站立的人，可以将阁楼用作额外的睡眠空间。

图6.1d　剖面D。再次追踪描边SketchUp图形，扩展剖面图为透视图。这种类型的视图，有时被称为剖面/透视图，有助于描述室内情景。这种视图爱到很多客户的青睐，能够有效将空间可视化。可以在3D模型软件中查看前景视图，展示家具、照明和阁楼空间。

图6.2a 街道视角。叠加绘制。有时候，在制作SketchUp之前需要先手绘图形，但是这里是通过追踪描边SketchUp图像来手绘图形。在SketchUp图像上用黑色墨水进行描边绘制。

图6.2b 房前的人物图像。在网络上搜索要导入Photoshop的环境图像并下载。可能会搜索到大量的图像，在其中选择一群人物的图像，并复制到房屋前面的位置，以完善环境。

图6.2c 街道视图，线条图。这幅图像是从同一张SketchUp图像中描边分离出来的。从此步开始，即可以进行着色渲染。

图6.3a 庭院视图，叠合绘制。这是一幅由SketchUp图像描边得到的庭院视图。

图6.3b 庭院视图，线条图。采用同样的视角，但是只描边上图所示的线条。注意：现在返回我们在第4章工作室基础上设计的一室房间。

图6.4a 街道视图。这是在一室房屋的SketchUp图像上追踪描边得到的图形。图中显示出了进入房屋的地毯和走道。需要注意，我们在描边的时候，已经在正对街道的位置添加了高窗。此图本身已经着色渲染了，不过也可以使用马克笔和彩色铅笔在纸张上重新描绘线稿图。虽然此图并不是最终完成的图像，但是我们已经综合使用了SketchUp图像、Photoshop技术、线条图形，以及前面下载的用于表现环境的人物图像等。

图6.4b 街道视图，线条图。这幅图同样是从SketchUp图像描边分离出来的，从此步开始，可以进行着色渲染了。

接下来是使用SketchUp模型制作的一组简单室外场景草图：一幅庭院视图、一幅街道视图，以及一幅花园视图。注意研究模型的不同视图，并选择最利于表现项目的视图。这正是SketchUp最便捷的功能之一。在最喜欢的模型视图上放一张用于描边的纸张，进行追踪描边。之后描边纸张与SketchUp模型分离，即可得到未着色的线条图。采用何种演示图形，完全取决于你自己的喜好以及想要向客户展示的方式，别忘了前面我们介绍的观点：如果想让客户更多地参与设计，则展示手绘图形可能更合适，或者也可以直接向客户展示已经完成的数字图像。

图6.5a 南侧花园视图。这幅线条图同样是从一室房间的SketchUp图像上描边得到的。这幅图中展现了树木和灌木的分布。执行“View（视图）>Shadow（阴影）”命令开启阴影，可以查看任何季节任何时间太阳对景观和庭院的影响。

图6.5b 花园视图，线条图。这幅图同样是从SketchUp图像描边分离得到的，从此步开始，即可以进行着色渲染。

在图6.6a至图6.6c中，联排别墅的渲染是通过拼贴场景照片和着色渲染剪影实现的。这是以前的制作方式，并没有使用数字技术，是将手绘图形拼贴到场景照片中。这幅图像是以手绘方式绘制出建筑物透视图，然后使用马克笔和彩色铅笔进行着色渲染。

图6.6a 联排别墅渲染。使用马克笔和彩色铅笔手动着色渲染透视图。

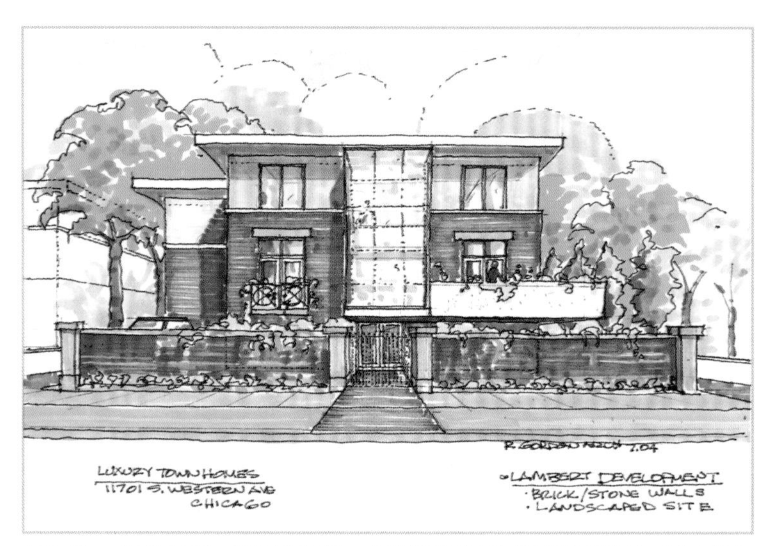

图6.6b 联排别墅，正面立面图。街道视角的联排别墅透视图。手动着色渲染并拼贴到照片上。

图6.6c 联排别墅，正面视图。显示了毗邻的房屋。采用以前的制作方式，将手绘图形粘合在照片上制作而成。现在可以使用Photoshop，更容易制作出相同的图像。

这是一幢位于奥克兰山的公寓（如图6.7a至图6.7c所示），我们将使用Photoshop中的Edit（编辑）> Transform（变换）命令调整这幅照片。通过这种方式可以看到如何调整照片使其适合于场景和相邻的环境。首先，拍摄一系列数码照片，并选择能展示项目的最佳照片。使用Lasso（套索）工具删除多余的建筑部分。要使用Lasso（套索）工具，这是一种选择工具，可以通过逐次单击选择不规则对象，而不是使用传统的矩形选框工具。使用Lasso（套索）工具也可以创建椭圆形、多边形选区，还可以使用磁性套索工具创建选区。尝试使用此工具创建选区，然后按下Delete键进行删除。删除不需要的区域后，手绘一张设计草图。扫描草图并将其导入到Photoshop的新图层中，可以将其命名为Sketch（草图）。现在可以执行“Edit（编辑）>Free Transform（自由变换）”命令，将草图调整为需要的大小。得到的结果是建筑物草图叠加在了现有场景中，并与周围景观融合。可以使用这种技术快速尝试几种不同的设计概念。

图6.7a　奥克兰山半山别墅场景。删除该区域是为了在图像上方的图层中添加房屋草图。

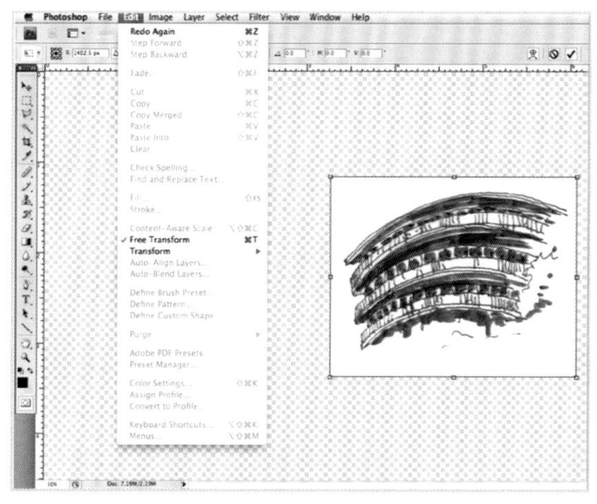

图6.7b　倾斜和旋转图像。在新图层中导入图像后，通过倾斜和旋转图像操作，可以使其与基准图像相匹配。

图6.7c　拼合半山别墅图像。这幅图显示了如何快速将草图叠合到照片中，以查看效果。

凉亭视图

现在我们来研究如何将一个简单、开放的凉亭融入场景环境中，以及受到环境的影响（参见图6.8至图6.10）。在这个过程中，我们会探索Photoshop的几款新的工具。在SketchUp中将凉亭的墙壁和窗口隐藏【执行“Edit（编辑）>Hide（隐藏）”命令】。这样我们能够同时观看到室内和室外景观。这并不是说凉亭真的没有窗户和墙壁，而是一种视图分析的方法。执行“View（视图）>Shadow（阴影）”命令，将与图像展示相冲突的阴影关闭。使用SketchUp组件创建丘陵景观。首先在平面图中查看丘陵组件，然后以透过立柱开放的视角查看丘陵组件。现在从庭院的视角观察，逐渐放大视图，直到进入室内空间。在图6.8c中，使用Lasso（套索）工具选择立柱之间的图像。现在即可以尝试不同的全景视图。大家可以在加利福尼亚州奥克兰的梅里特湖，以及太平洋海岸加利福尼亚州蒙特里看到相同的凉亭，或者前往可以观看巴黎圣母院和埃菲尔铁塔夜景的巴黎，同样可以看到这样的凉亭。如果确实无法去那里，当然还可以想象一下。

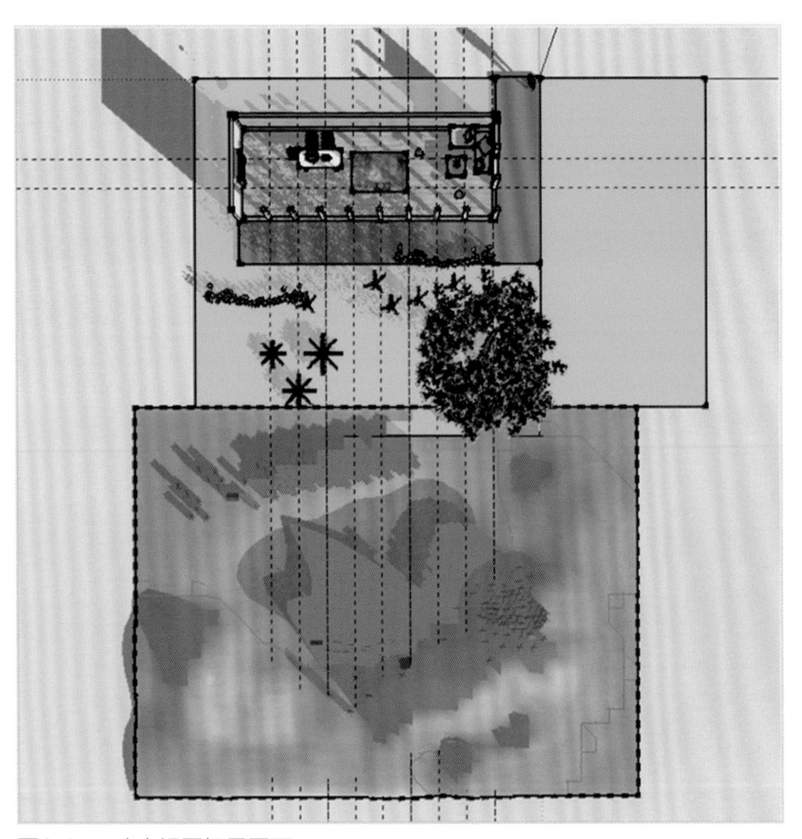

图6.8a 凉亭视图场景平面。

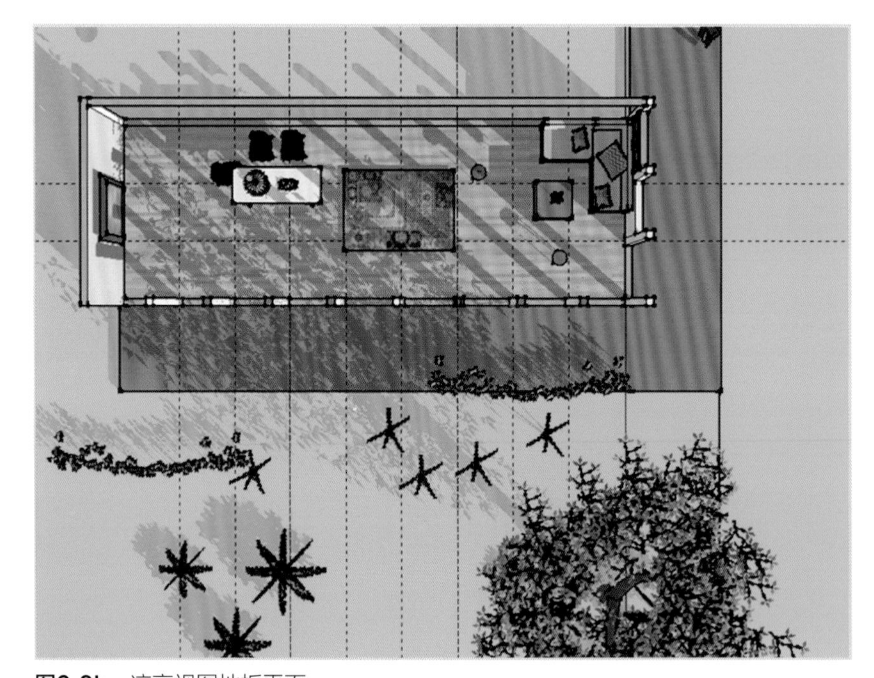

图6.8b 凉亭视图地板平面。

图6.8c 丘陵全景。透过凉亭观看。

图6.8d 室内视图。丘陵成为室内视图的背景。

图6.8e 庭院视图。

图6.9a 能看到室外庭院的室内视图。没有背景。

图6.9b 删除窗户区域。这样可以添加不同的背景环境。按照前面介绍的方法，执行“Select（选择）>Color Range（颜色范围）”命令，选择窗户区域，按下Delete键删除。

图6.10a 梅里特湖视图。

图6.10b 旧金山海湾视图。

图6.10c 巴黎圣母院视图。

图6.10d 艾菲尔铁塔夜景。

关键术语

数字建模： 使用电脑创建基本的3D模型。

Edit（编辑）>Transform（变换）： 在Photoshop中编辑图层中的图像，调整图像大小和形状。

凉亭： 家居中一个独立的构件，可以用于家庭聚会。

Edit（编辑）>Hide（隐藏）： 可以在SketchUp中隐藏元素，便于查看其后面的图像。之后可以取消隐藏，而不需要重新绘制。

View（视图）>Shadow（阴影）： 可以关闭图像中的阴影，能够提高反应速度，且便于设置室内灯光。

Filter（滤镜）>Render（渲染）>Lighting Effects（光照效果）： 用于为Photoshop图像添加照明效果。

Intensity（强度）： 光的亮度。

Focus（聚焦）： 光线在表面上传播的范围。

Reflective（光泽）属性： 反射量是由表面光滑度决定的。

Ambience（环境）： 房间或空间内未被照亮的区域。这对于显示明暗对比至关重要，使房间不至于太暗或太亮。

练习

1. 在几个房间中拍摄照片，并进行描边手绘。

2. 找到照片中的地平线和消失点，与绘制的草图相比较。

3. 选择绘制的最佳的草图，并用马克笔和彩色铅笔手动着色渲染。

4. 在Photoshop中打开照片，然后执行“Image（图像）>Adjustments（调整）>Brightness/Contrast（亮度/对比度）”命令调整图像。

5. 通过颜色调整功能更改这些图像的颜色。

6. 在Photoshop中打开这些图像，然后尝试使用滤镜添加特殊效果。例如把照片改成水彩画。

艺术馆

现在我们要把这个凉亭变成一个活力四射的夜总会、一个艺术画廊，我们可以在Photoshop中将人物剪影放置其中，并研究光照效果。观看从街道上的三种不同高度的视角（已经删除了墙壁和前门，以便查看室内）。靠近视图以查看艺术品，我们现在将尝试应用Filter（滤镜）>Render（渲染）>Lighting Effects（光照效果）滤镜。这将在场景中特定区域创建灯光效果。虽然跟真实灯光效果有所差别，但至少这样能显示光线对室内空间的影响效果。有时可能需要关闭View（视图）>Shadow（阴影），从而更清晰地查看光线的影响效果。在光照效果滤镜对话框中可以调整相关选项，如图G6.1f所示，主要包括如下几项：

- Lighting Style（光照类型）>Spotlight（点光）、flood lights（喷涌灯）、triple lights（三处点光）等。
- Switch（开）复选框可以打开和关闭灯光。
- Intensity（强度）可以设置为负或正数值。
- Focus（聚集）选项可以调整照射区域的宽窄范围。
- Reflective（光泽）属性决定物体是否有光泽。
- 一定要调整Ambience（环境），这是非常重要的。否则，房间会显得太暗或太亮。

需要花一些时间才能熟悉这个工具，得到想要的效果，但这是值得的，因为在室内设计中，照亮房间是非常重要的。现在，Photoshop中光照效果的介绍暂时到此为止，但关于光照效果的内容，在随后章节中为各种类型灯具添加室内灯光效果时，会再次出现。

图G6.1a 美术馆的俯瞰图。通过Windows（窗口）>Components（组件）面板，可以加载树木、汽车、画作、聚光灯和人物等图像。

图G6.1b 美术馆，从街道观看。

图G6.1c 美术馆，前侧面视图。注意我们下载的人物投射出了阴影。如有需要，也可以手动添加阴影。将人物图像复制到新的图层中，将其平移（远离灯光），然后应用Image（图像）>Adjustments（调整）菜单中的命令，将其调暗。也可以执行“Select（选择）>Modify（修改）>Feather（羽毛）”命令，对边缘进行羽化。

图G6.1d 艺术馆中以自然光展示毕加索的《格尔尼卡》，以及梵高和马蒂斯画作的特写。

图G6.1e 艺术馆，添加Lighting Effects（光照效果）后相同视图的特写。为了显示出光照效果，执行“Filter（滤镜）>Render（渲染）>Lighting Effects（光照效果）”命令，弹出对话框，在其中进行调整。（参见图6.1f）

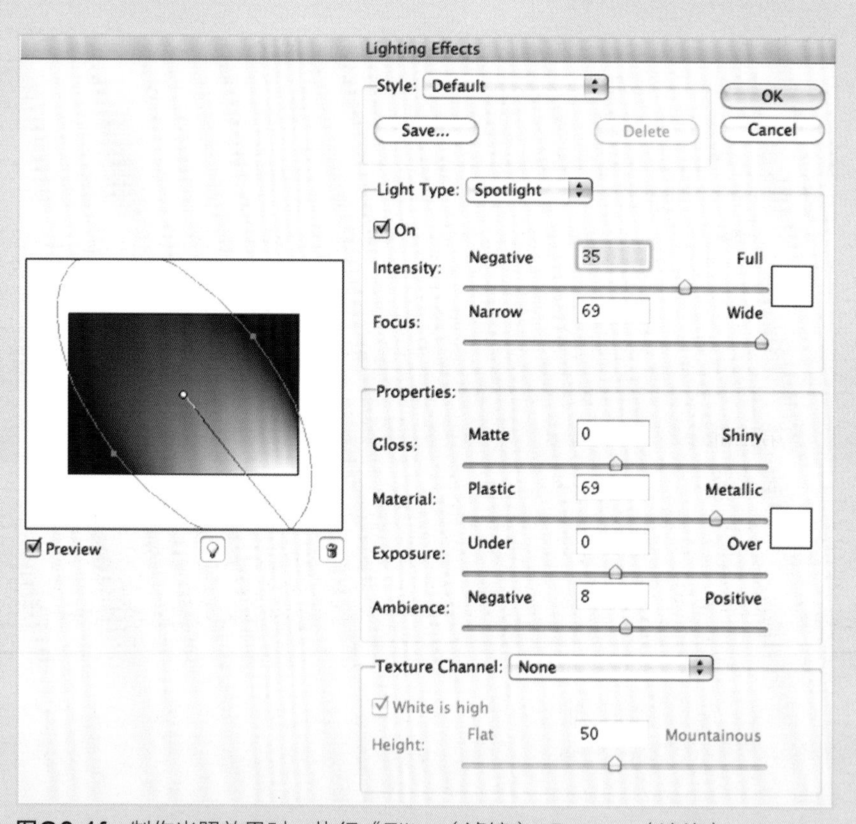

图G6.1f 制作光照效果时，执行“Filter（滤镜）>Render（渲染）>Lighting Effects（光照效果）”命令，在弹出的对话框中进行调整。

PART III

融合多种媒介的家居设计

第三部分将介绍不同类型的家居项目设计和渲染。

大家将会看到门厅设计（第7章），是家居单元设计的第一步。房间设计（第8章），同样是非常重要的空间设计。其他重要的独立空间包括厨房（第9章）和浴室（第10章）。还将介绍紧凑型房间和更大的豪华套房的设计。将以12×12英尺的模块为基础进行房间规划设计，家具的安排则是基于实用日常功能的需要。

在研究了室内房间设计之后，还需要了解房间的关联设计，研究房间的相邻位置（第11章）。将使用SketchUp中的Copy（拷贝）和Paste（粘贴）工具来尝试不同的组合。空间较大的房间可分为多个私密空间，以满足不同的用途。在Photoshop中，将使用Filter（滤镜）>Render（渲染）>Lighting Effect（光照效果）滤镜来照亮这些空间。

这些章节中的所有实例将集中展示出来，演示如何组合这些房间形成适合场景的不同家居类型（第12章和第13章）。

CHAPTER 7

门厅：入室并连接家居元素

目标

- 显示各种类型的门厅的功能和大小，及其在家居中的位置。
- 比较家居中的门厅和公寓中的门厅。
- 通过照片和SketchUp与绘图工具来展示各种门厅的功能。
- 了解如何使用Wacom绘图。

第一印象及其重要性

“留下好的第一印象”是我们经常听到的会见新朋友的建议。虽然实际上第一印象可能持续不会超过几秒钟，但我们都知道第一印象将会长久地影响到别人对我们的看法，这对于建筑物来说同样适用。这就是为什么要设计门厅或接待区，即使门厅可能非常小，却是任何类型建筑设计的关键的第一步。

门厅可以是家居中一个很小的空间，作为进入家居其他区域的一个简单过渡区，具备基本的进出需求是很重要的，比如：

- 用于悬挂外套的区域
- 用于放置钥匙的区域
- 用于擦拭和/或放置鞋子的地毯
- 清洁的镜子
- 展示艺术品或家庭照片的空间

中型尺寸的门厅可以设计得更豪华舒适，比如：

- 休息座椅
- 壁橱
- 一面长镜

全尺寸的门厅甚至可以包含一个小型、灵活的房间，比如书房、家庭办公室或客房，也可以在门厅设置盥洗室或化妆室。

提示：在设计之前，可以在客户调查表中列出上述项目，以确定门厅应该包含哪些功能。合理使用门厅空间的益处远比成本重要。记住，即使是一个非常小的门厅，也可以让公寓空间看起来比实际大很多，并能保持主要房间整洁不乱。

模块

在整个PART III中，我们使用一个12×12英尺的模块来规划个别空间。这是基于如下几个原因考虑的：

1. 12×12英尺的尺寸是设计很多家居功能比较合适的尺寸，比如闲坐、用餐、做饭、睡觉、洗澡和如厕等。
2. 这一尺寸能够适应住宅房屋的经济性和共同的结构体系等特征。
3. 使用同样的尺寸，便于比较不同的平面图。
4. 具有更强的灵活性。12英尺的模块可以加倍成为24英尺。甚至许多公寓楼常见的尺寸为30英尺。我们需要统一尺寸。
5. 尺寸可以根据项目的位置而改变。例如，巴黎的空间有限，10英尺（3米）的尺寸比较普遍。在郊区，则可能会规划更大的区域，如14至16英尺。

虽然12英尺模块通常用于预制或模块化家居设计，但本书并不打算使用模块设计。房屋本身只是住宅楼预算的一小部分，在某些情况下，甚至不到一半。大部分住房的成本为土地成本、地基、地下水、下水道、电力和现场施工。当地的实际情况决定了预制模块建造和现场建造哪种更为经济。这里使用模块纯粹是因规划的目的。

照片调查

与本书其他设计一样，我们建议大家使用门厅内部和外部的数码相片，来更好地了解门厅的功能。为此，我们推荐使用手绘板，可以使用数字笔进行手绘，其表现和标准的笔非常接近。Wacom公司出品了几款不同等级和尺寸的手绘板，可以根据实际需要选购。在Photoshop中打开照片，可以直接在图像上做标记。

图7.1 Wacom手绘板是以数字形式绘制图形或在照片上做标记所不可或缺的设备。

图7.2a 独幢别墅外部入口的正面。注意进出建筑物的外部入口要与室内门厅背景设计风格一致。

图7.2b 在前面入口处做标记，标注入口设计的优缺点，包括屋顶的设计和楼梯的无障碍问题。

图7.3 带侧面入口的别墅，弧形窗口正面。门厅设置于背面。

图7.4 带弯曲车道的公寓楼入口。出于安全目的，也可以设置门卫或通讯电话。将通过走廊进入室内门厅。

图7.5 通往街道的公寓楼入口。沉重的大门更显安全，通常会设有访客电话机。

图7.6 综合楼入口。一楼是零售商店，楼上为公寓。

图7.7　芝加哥湖滨大道860-880号由Mies Van Der Rohe设计的玻璃塔入口。虽然玻璃塔设计优雅，但经常被批评在街道环境和安全方面存在隐患。

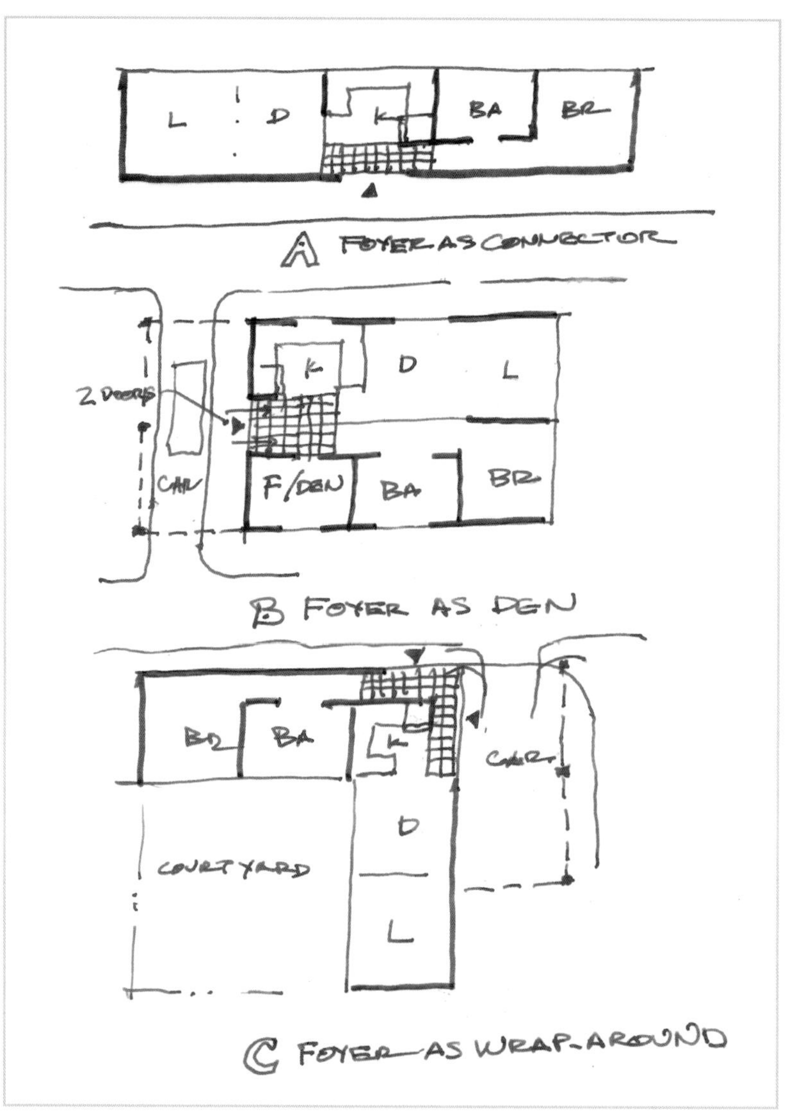

图7.8　不同类型的门厅和通道的手绘草图（使用钢笔和墨水绘制）：门厅作为会客区和休息区（公共和私人）的连接；门厅作为小型的客房；门厅作为环绕式厨房。在SketchUp或其他计算机辅助绘图软件中进行设计之前，先用草图进行概念设计。

图7.9a 基本版本的门厅，4英尺宽，12英尺长。其中布置了方桌、椭圆形镜子、版画及外套挂钩。放置一张地毯是门厅的一项重要特征。虽然门厅较小，但是其中包含了所有需要的元素，包括坐凳。

图7.9b 中等版本的门厅，6英尺宽，12英尺长。这种门厅宽度足够摆放一张长凳和一个12英寸宽的外套储衣柜，以及一面全身高的镜子。

图7.9c 尺寸为9×12英尺的门厅。装配家具后可以作为一间客房，其中包含一张可折叠的沙发床。这间房间可以配置独立的洗手间，形成比较私密的空间。但是房间里没有洗浴设施，因此客人无法在其中久住。

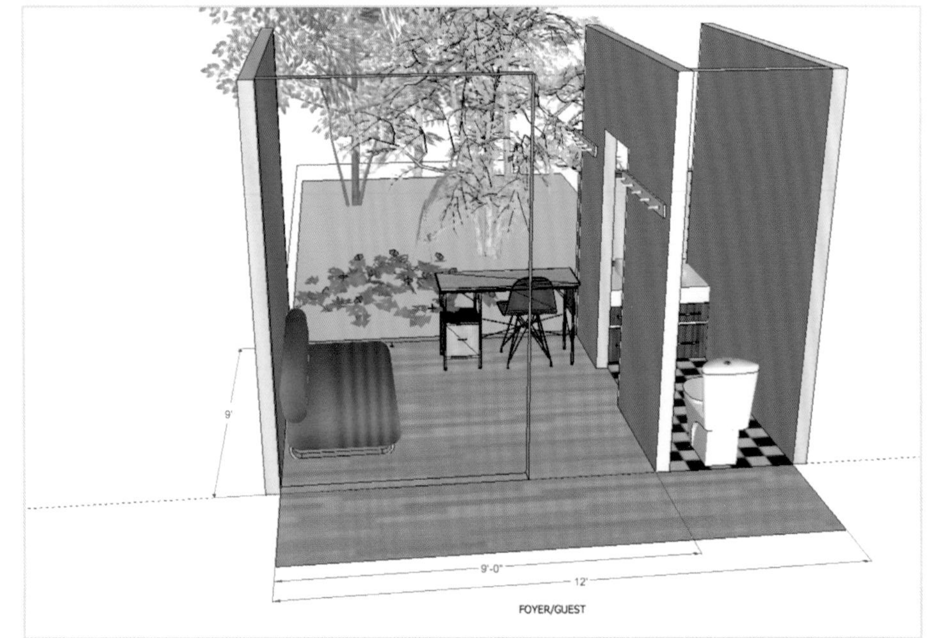

图7.9d 这间门厅的尺寸与上一个相同，均为9×12英尺，但是装配家具后，此门厅可以用作家庭办公区域。根据其在家居中的位置，还可以形成庭院视野。

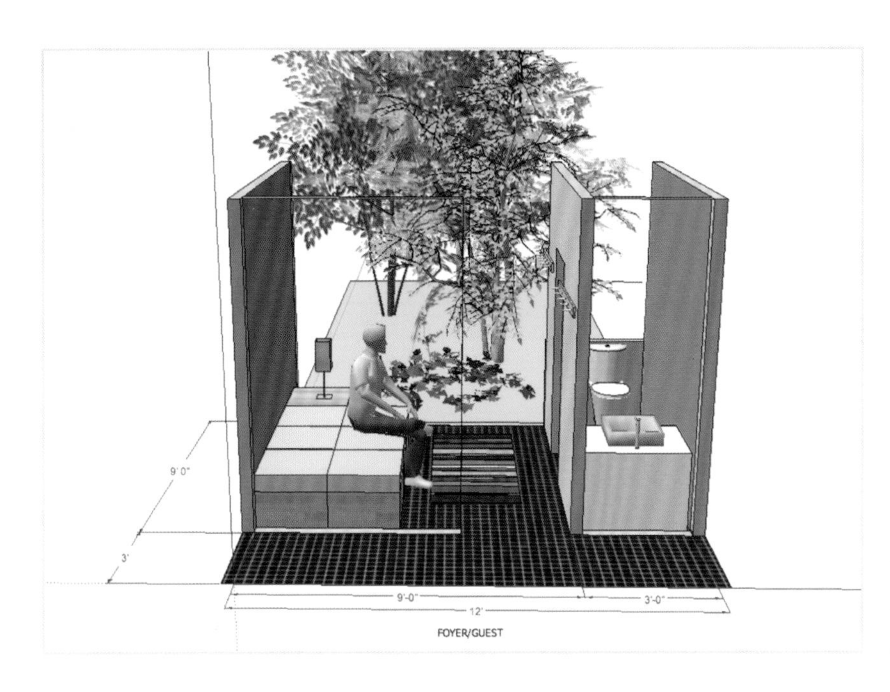

图7.9e 尺寸为9×12英尺的扩展版本的门厅，其中可以容纳一间洗手间（洗手间和卫生间）。还可以配置更多的外套挂钩，以免外套挂在走廊过道被蹭脏。门厅中有足够的空间，可以放置长椅或沙发。还可以将门厅改装用作阅读室。

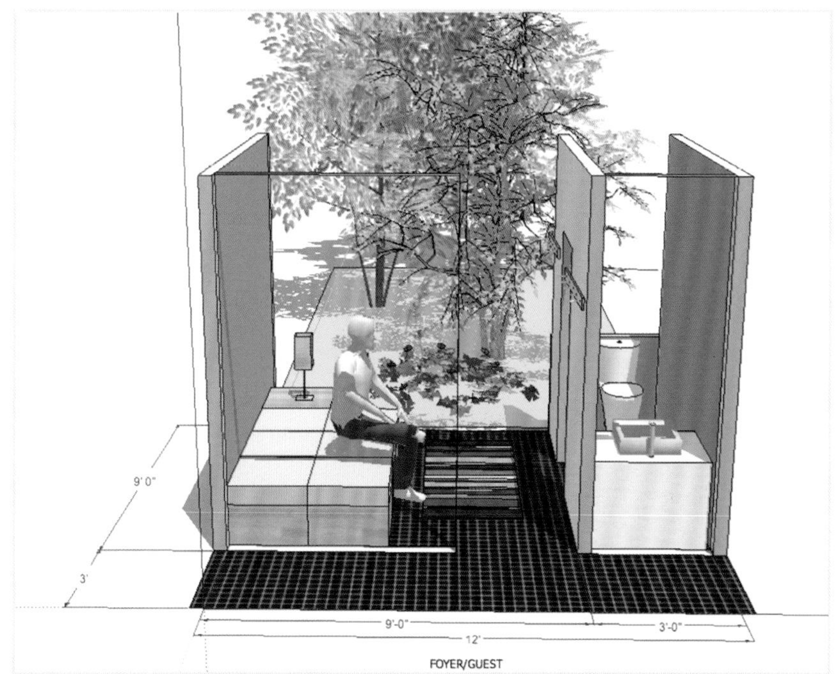

图7.9f 开启SketchUp中的View（视图）>Shadow（阴影），以查看日光照射进房间时的效果。

关键术语

门厅：进入空间的入口区域。门厅可以设计在建筑物内部，也可以像一些公寓建筑一样，设计在建筑物外部。

手绘板：计算机的附属手写设备，可以通过Photoshop等软件，直接在数字图像上绘制。

练习

1. 使用数码相机拍摄各种不同类型的门厅。建立文件夹，或在iPhoto中建立图片集，以便之后使用。

2. 使用手绘板在现有门厅照片上标注场地情况。

3. 在翻新装修项目中，向客户展示当前门厅的优点和缺点，并通过草图展示您将如何进行改善。

4. 探索各种类型的公寓前厅和入口，包括进入住宅单元的走道。

CHAPTER 8

大开间设计

目标

- 在学习综合规划客厅/餐厅/厨房等空间以及添加灯光照亮空间时，掌握SketchUp和Photoshop一些新工具的使用方法。
- 导入jpg等格式的2D图像。
- 使用Follow Me（放样）工具创建墙壁。（译者注：这是一个插件工具，SketchUp中本身没有，需要安装。）
- 了解如何使用隐藏和取消隐藏工具。
- 了解如何在Photoshop中为家庭办公室添加灯光。

概述

我们将使用SketchUp和Photoshop中的一些新工具来研究如何规划各个独立房间的连接关系。可以将手绘草图导入SketchUp，并将其转换为模型。您需要确定房间的连接关系吗？或者需要确定家居中房间流通的顺序吗？也许您还需要探索客厅、餐厅、厨房空间布局的各种可能性。我们将使用SketchUp来复制和移动组件，甚至移动整个房间。我们将展示如何制作与餐厅毗邻的开放式或封闭式客厅，以及如何将厨房和服务区域与餐厅和娱乐区域相连。如果房间内各个区域很开放，即可称为大开间。

创造大开间

设计师通常从手绘草图开始进行概念设计。他或她会在画板上、便宜的素描纸上，甚至是在餐巾纸上画一些涂鸦或气泡图，之后将逐步完善成为精致的设计。这些非常随意的草图（参见图8.2b）可以导入到SketchUp中，然后缩放到可精确测量的矩形中（参见图8.2c）。缩放后的平面（参见图8.2c），使用草图中的墙壁来确定要在模型中创建3D墙壁的位置。使用Follow Me（放样）工具（参见图8.3a和8.3b）创建围绕该平面的外墙模型。隐藏前墙，这样可以看到平面图（参见图8.3c）。然后在平面图中画一个与墙壁底部相同大小的矩形，并挤出矩形到天花板高度（参见图8.4a）。在此，您可能想更改SketchUp图形的整体风格或外观，那么执行“Windows（窗口）>Styles（风格）”命令，并选择可用于地面颜色、背景、边缘风格等的合适的选项即可。更改风格将快速改变图像的质量。

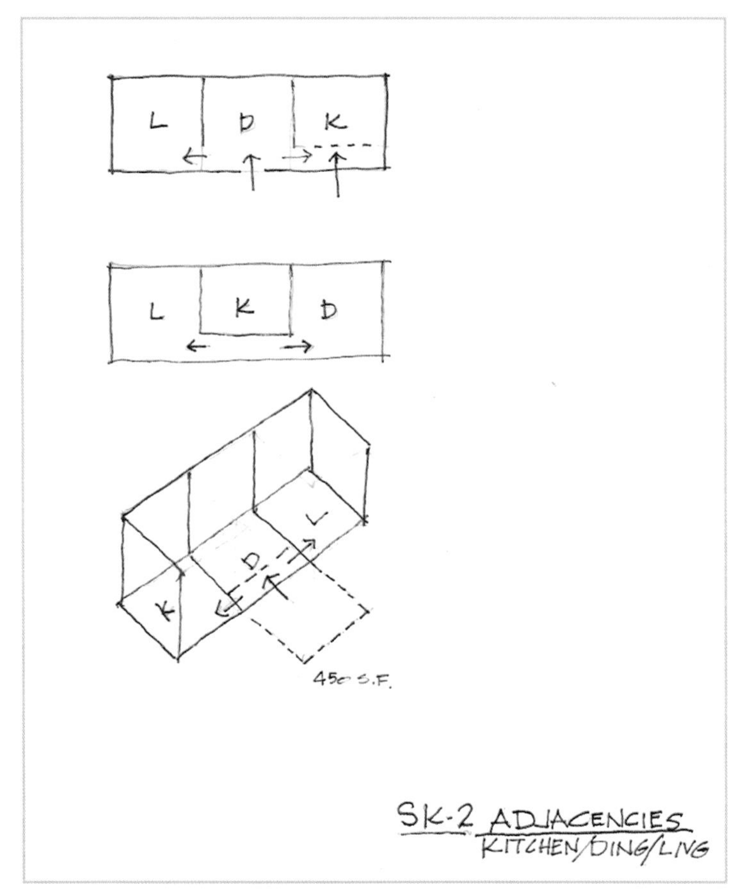

图8.1a 再次从手绘草图开始进行概念设计，探索客厅、餐厅、厨房空间连接关系的各种可能性。

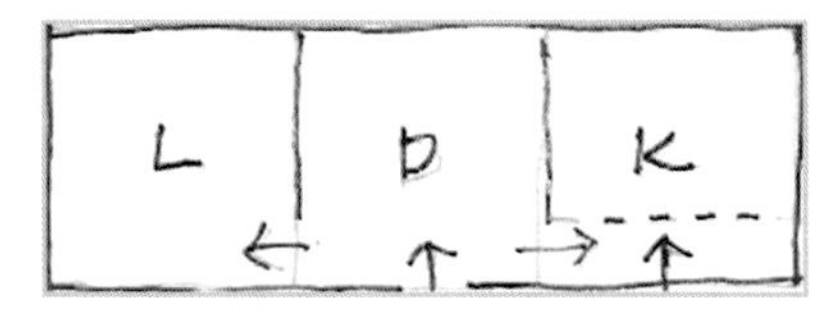

图8.1b 选择一种空间布局。我们选择这样的布局：厨房在右侧，餐厅在中间，客厅在左侧。

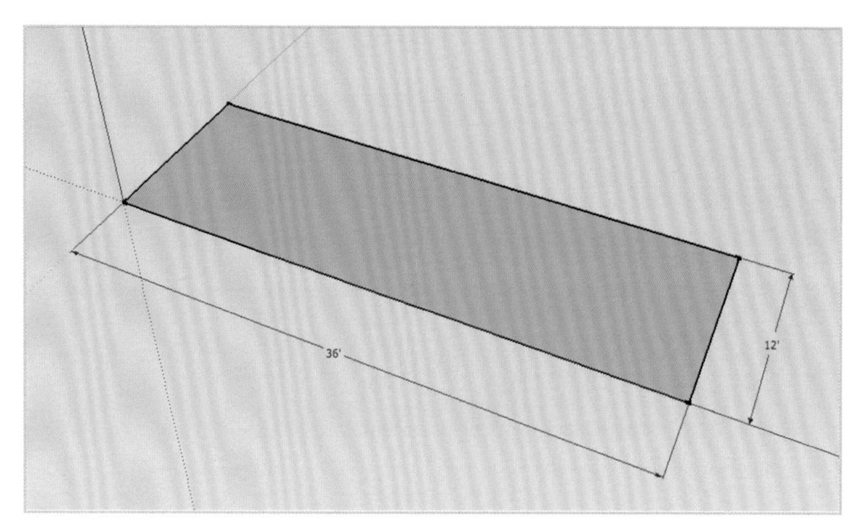

图8.2a 将草图导入SketchUp中，绘制36×12英尺的矩形平面。

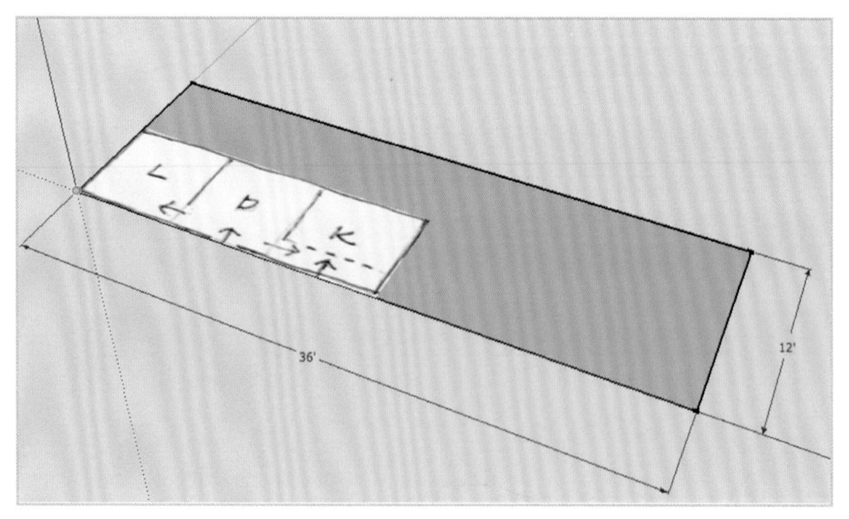

图8.2b 执行“File（文件）>Import（导入）”命令，弹出对话框，设置Use As（将图像用作）为Texture（纹理）。这样可以拉伸调整导入图像的尺寸，这种方法适用于墙壁和地板。

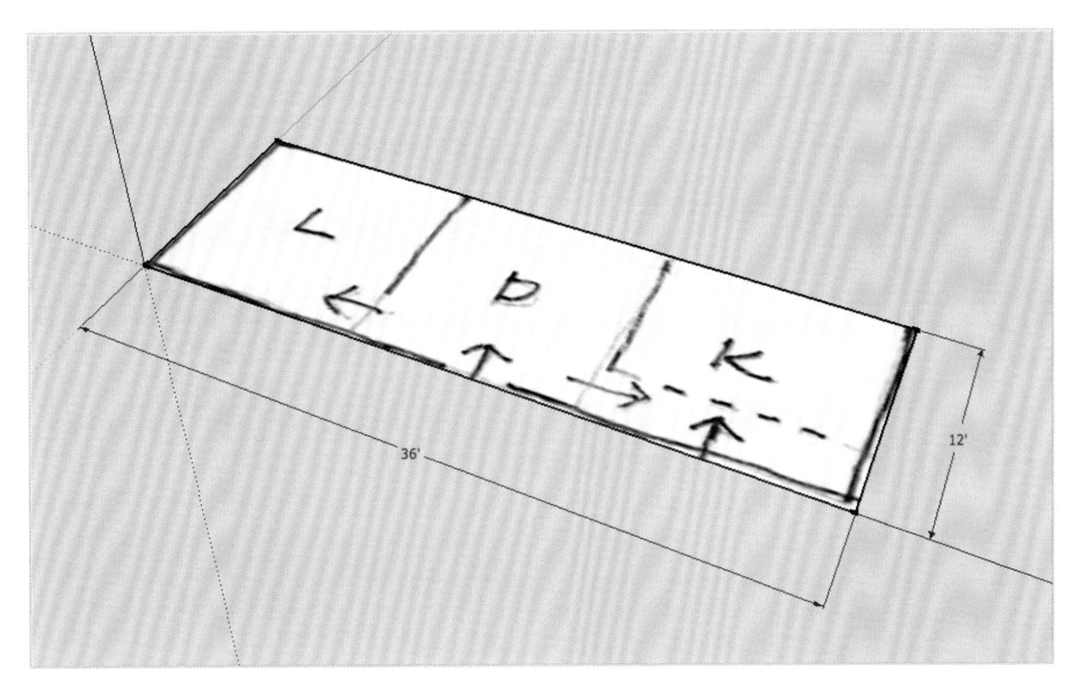

图8.2c 拉伸或缩放平面图，以填充36×12英尺的矩形。

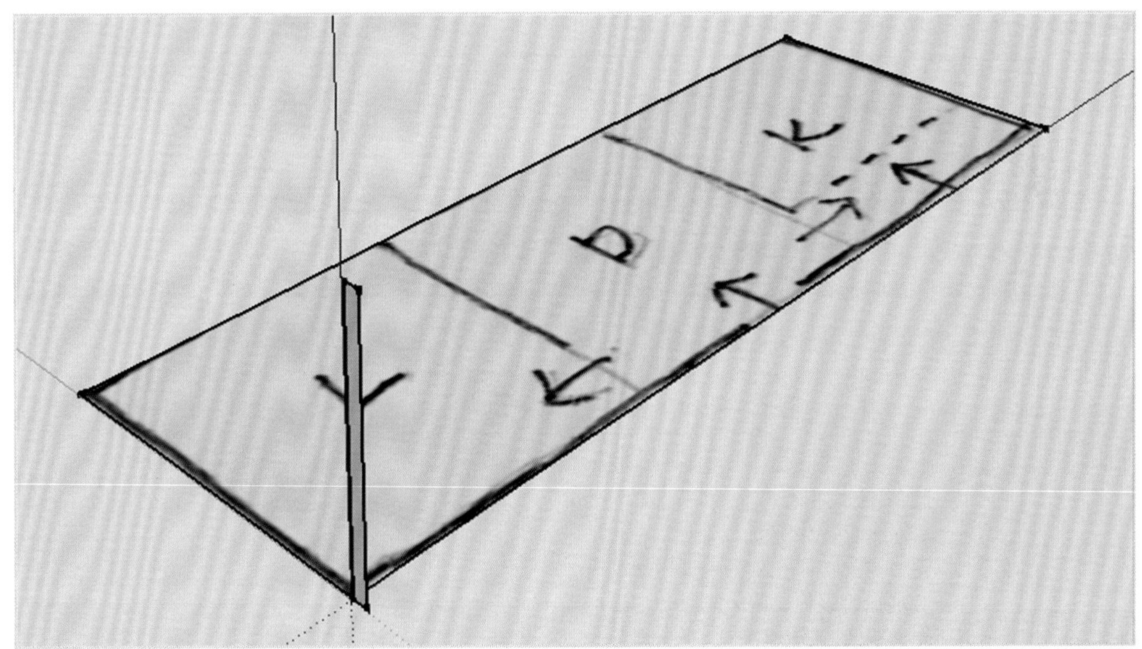

图8.3a 按照墙壁的尺寸绘制一个垂直的矩形，比如，8英尺宽、9英尺高的尺寸。

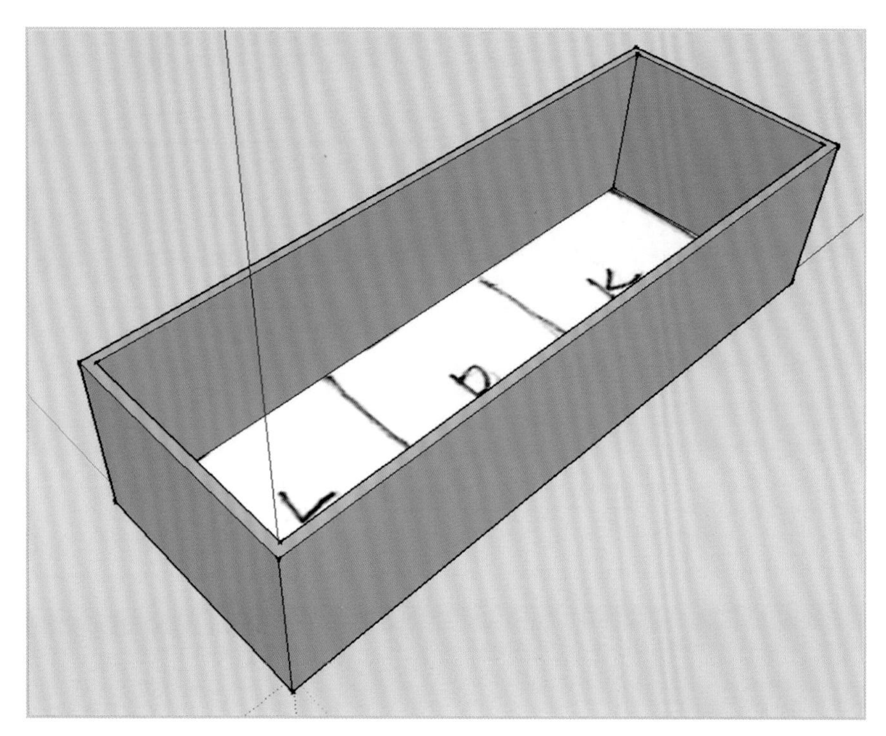

图8.3b 选择Follow Me（放样）工具，然后选择矩形，并沿着平面的周边移动矩形。这是绘制周边墙壁的快速方法。

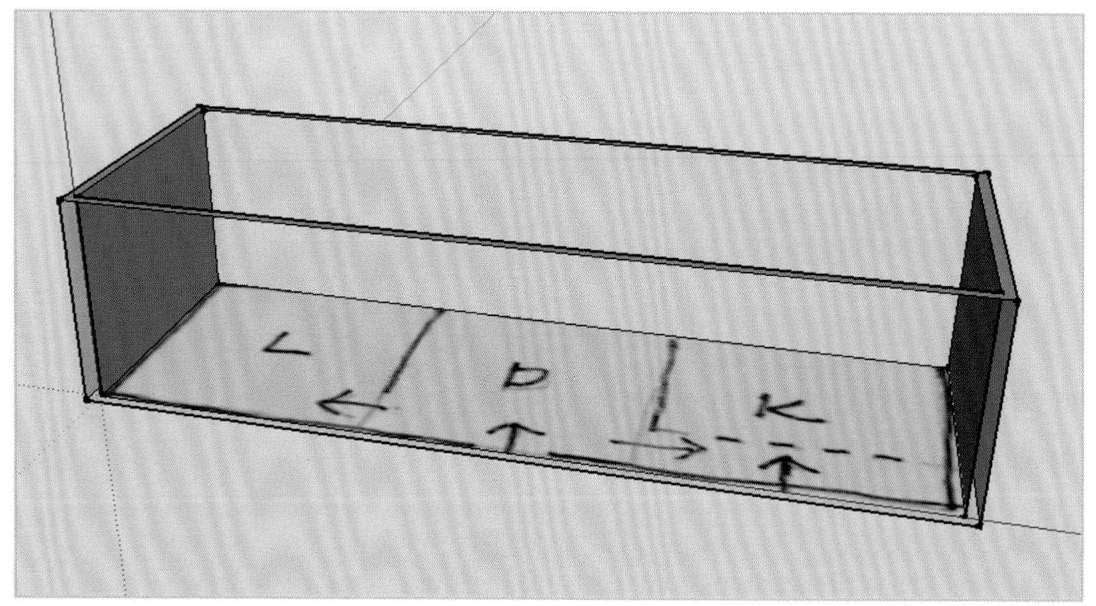

图8.3c 选择前墙。执行“Edit（编辑）>Hide（隐藏）”命令，使其不可见，这样可以在室内空间继续操作。完成后可以将其取消隐藏，或者应用半透明色（低饱和度）。

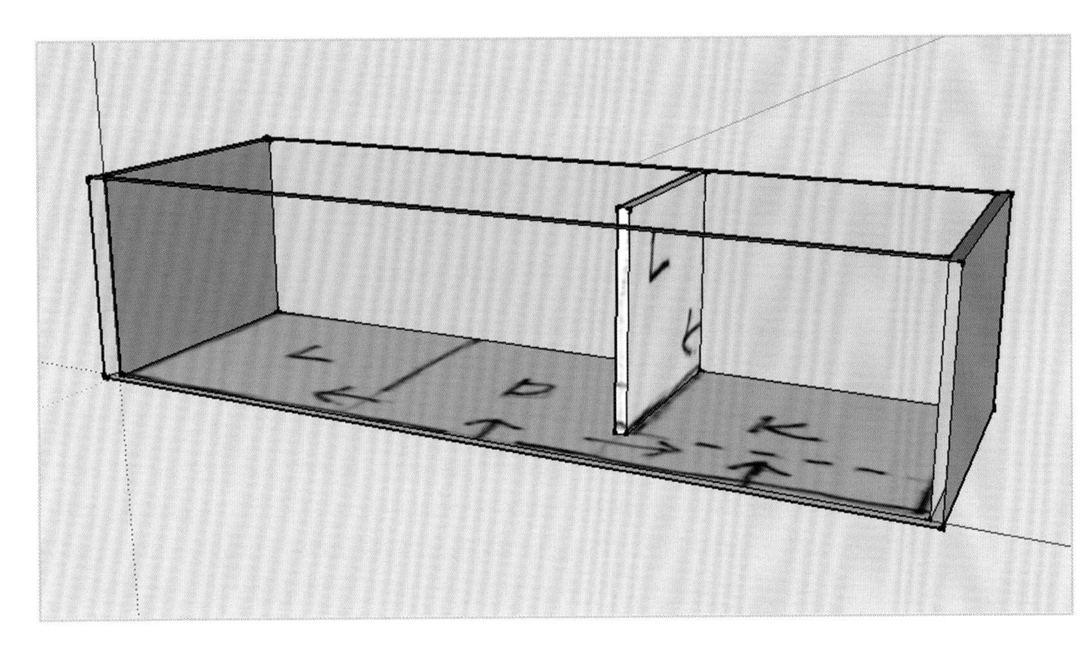

图8.4a 如果在厨房和餐厅区域之间创建墙壁（形成“封闭的厨房”），则在草图中指定的地板位置处绘制一个矩形，然后挤出（推/拉）至9英尺高。

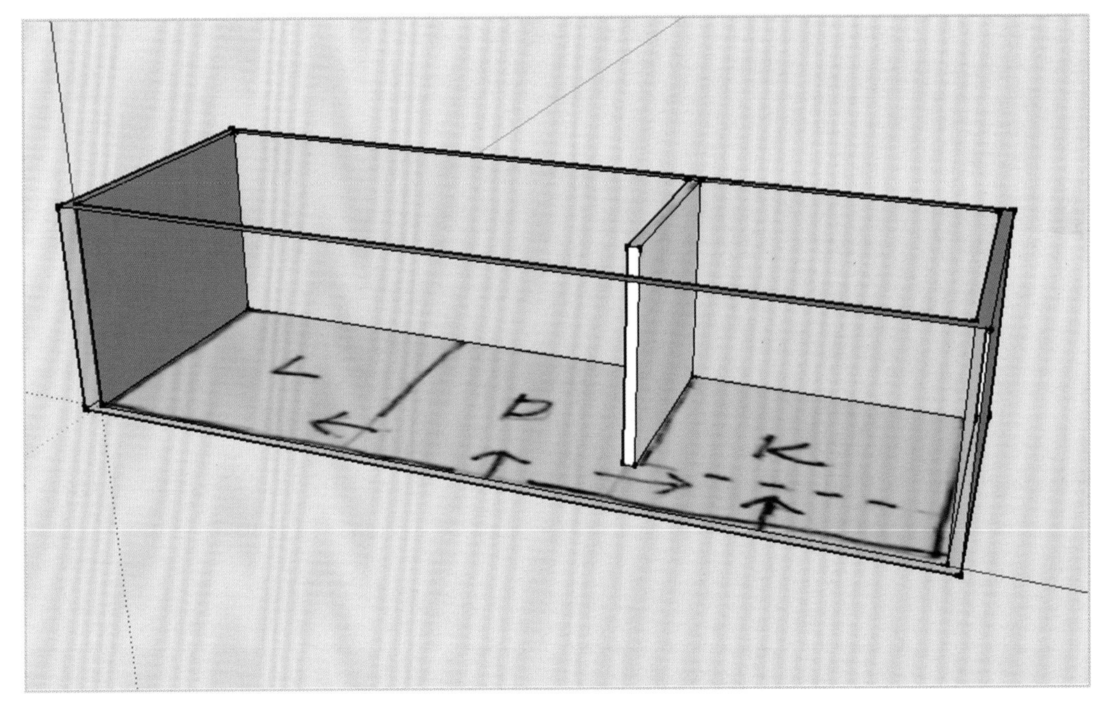

图8.4b 挤出墙壁将会在地板上出现一些标记，所以需要涂掉。在这步操作中，可能需要涂抹地板或替换地板的材质。

现在可以开始导入组件了。你可能已经收藏了前面制作的SketchUp文件中的一些组件，这些收藏的组件可以复制并粘贴到当前的SketchUp文件中。导入或复制厨柜、电器、桌椅、书桌、书架、灯具、地毯、艺术品，甚至是你自己自定义创建的家具。为不同的空间应用不同的地板饰面（要应用不同的地板饰面，需要为这些地板区域单独绘制矩形）。导入一些人物图像，这样能更好地表现效果图的尺寸感。如果不喜欢SketchUp中的人物图像，可以在后面操作中使用Photoshop添加逼真的人物图像。

隐藏一些外墙和天花板，以便于更好地观察室内空间。添加一些树木和环境景观，以营造出室内和室外的环境。最后要做的是执行“View（视图）>Shadow（阴影）”命令，查看添加阴影后的图像效果。开启阴影将会占用很多内存，会减慢操作的速度。因此，最好在进行渲染时再开启阴影。注意，可以执行“Windows（窗口）>Shadow（阴影）”命令，在打开的对话框中更改模型的位置、一天中的时间和日期。现在可以将图像另存为一幅图形，使用已经完成的图形，并调整排水墙的位置。这样能了解如何进行不同的空间安排。当形成一个或多个满意的视图时，可以截取图片，并在Photoshop中打开。多次重复此项操作。

尝试几种不同的方案：一个封闭的家庭办公室、一个开放的谈话区域和一个正式的餐厅。将这些方案的视图保存并导入Photoshop中，使用Filter（滤镜）>Render（渲染）>Lighting Effects（光照效果）滤镜创建不同类型的灯光。

在开始向客厅添加家具时，可以在使用Move（移动）工具时按住或释放苹果电脑的Option键，复制或移动家具。按住Option键时，可以复制模型，并将其移动到合适位置。若要将其转到正确的方向，则使用Rotate（旋转）工具，或执行“Edit（编辑）>Solid Group（组件）>Flip Along（翻转方向）>Group's Red Axis（组件的红轴）”或“Group's Green Axis（组件的绿轴）”命令。

客厅

在考虑规划客厅空间时，可以采用以下技巧：

1. 确定客厅空间的类型。客厅空间主要用于娱乐还是家庭聚会？或者是作为一个安静的阅读和听音乐的空间，还是作为以电视为中心的娱乐区域？又或者是作为家庭办公室还是客房？这应该通过客户访谈或调查问卷方式在进行概念设计规划之前确定好。

2. 研究将要使用的家具类型。向客户建议要使用的各种座位，从沙发到躺椅到休闲座椅。咖啡桌也很重要，如果空间要用于娱乐，则咖啡桌要足够大、足够高，至少18英寸高。

3. 将座位放在足够靠近的便利位置。可以将家具放置在合适的角度，这样能够适合谈话、看电视和聊天。或者简单地将椅子和沙发正对面放置。本章中将会用SketchUp模型显示这些布局。

4. 边桌是重要的放置物件的家具，比如放置书籍、灯具和遥控器。一张沙发和两张边桌将占据8英尺到10英尺的长度，所以要确保至少有一面墙达到这个长度。

5. 客厅是否有足够的空间放置桌子，桌子是否合适？

6. 照明非常重要。选择正常的房间照明方案，但是务必为阅读和办公桌添加单独的灯光。对于所有灯光来说，调光器是非常有用的。我们将展示如何使用Photoshop光照效果为房间营造氛围。

图8.5a 在大房间中添加家具、书架、电视墙、休闲椅和餐厅的桌椅。从前面章节文件中复制并粘贴毗邻的厨房模型。另外，开始定义外墙，外墙正对面是假想的观景区，因此是相对开放且朝南向的。

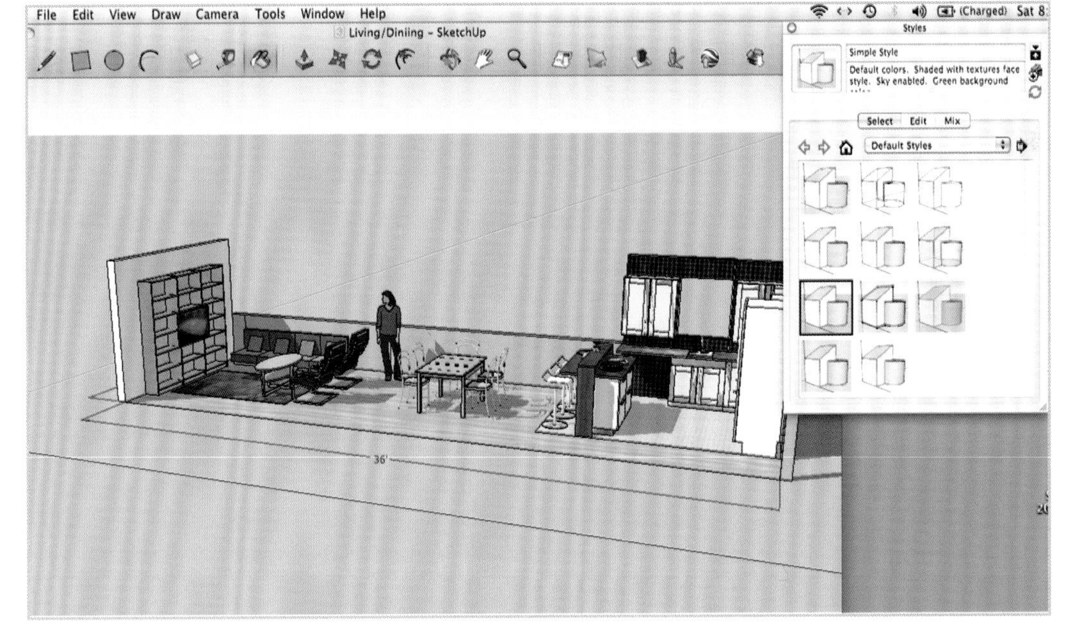

图8.5b 左侧（西侧）实体墙壁与书架相邻。北墙约30英寸高，作为椅子和沙发的背面。阴影由傍晚的阳光从西南方向投射过来。阴影是可以调整的。在这里我们了解如何选择风格。执行“Windows（窗口）>Styles（风格）”命令，查看和选择提供前景、背景和框架的风格选项。我们选择Simple（简约）风格，显示为浅淡的草绿色，天空为浅蓝色的渐变。也可以切换到Edit（编辑）选项卡或Mix（混合）选项卡，更改其中的一些设置。更改风格将立即表现在模型上，所以可以直观地选择最喜欢的风格。

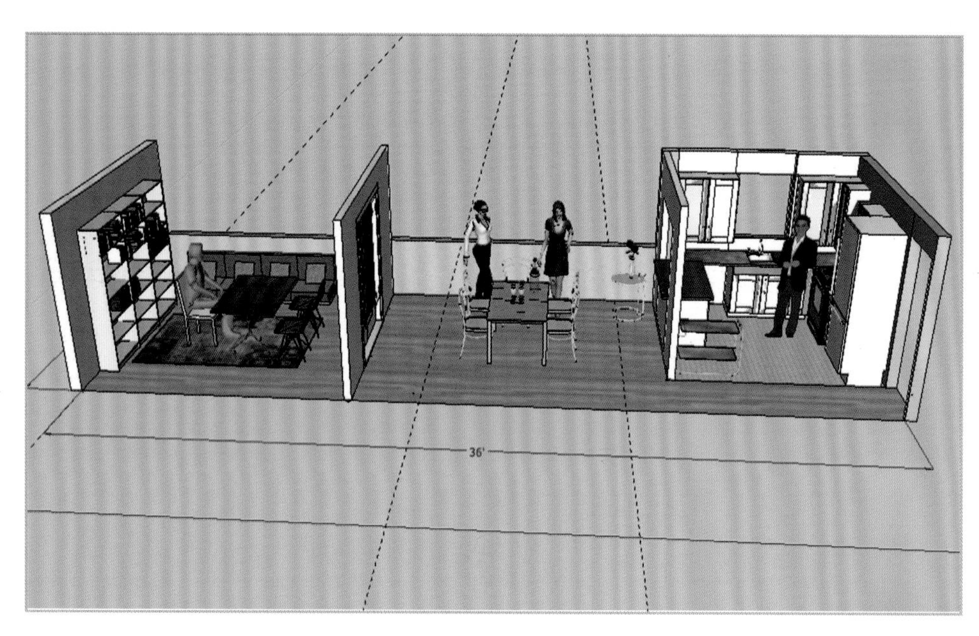

图8.6a 一个独立的书房、餐厅、厨房或家庭办公室。这样可以同时开展三项独立的活动。厨房有一个开放的走廊。

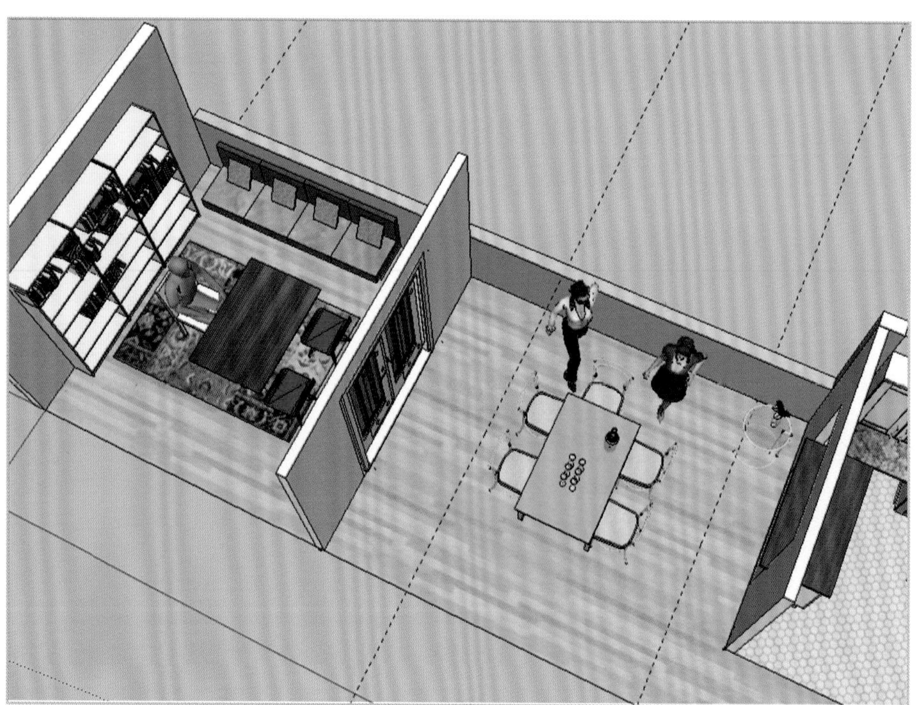

图8.6b 餐厅、书房和部分厨房区域的俯瞰视图。

图8.6c 作为独立房间的餐厅和家庭办公室。用草原风格的法式门隔开。

图8.6d 正式的餐厅。添加长座椅，悬挂吊灯，添加一张正式的玻璃餐桌和椅子，以及室外景观。

图8.6e 家庭办公室可以作为书房或客房使用。

图8.6f 夜间照明下的家庭办公室。添加一个台灯、一些书籍和一个学习的人物。截图此视图，并在Photoshop中打开。如前面图6.11e所示，执行“Filter（滤镜）>Render（渲染）>Lighting Effects（光照效果）”命令，并调整Type of Lighting（光照类型）、Focus（焦点），以及至关重要的Ambience（环境），平衡灯光直接照射的家具和房间其余部分的明暗对比。对比应用光照效果前后图像的巨大差别。

图8.7a 客厅区域也可以用作谈话区。座位的安排应该便于人们相互面对面交淡（参见图8.7d）。图中的长凳是自定义设计的，并以单独的文件保存。

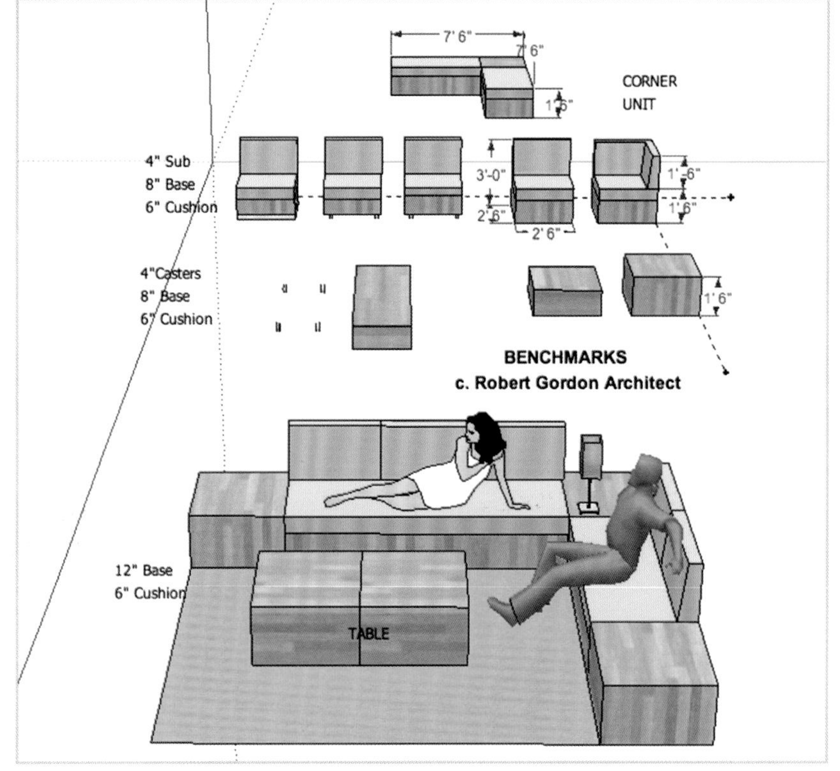

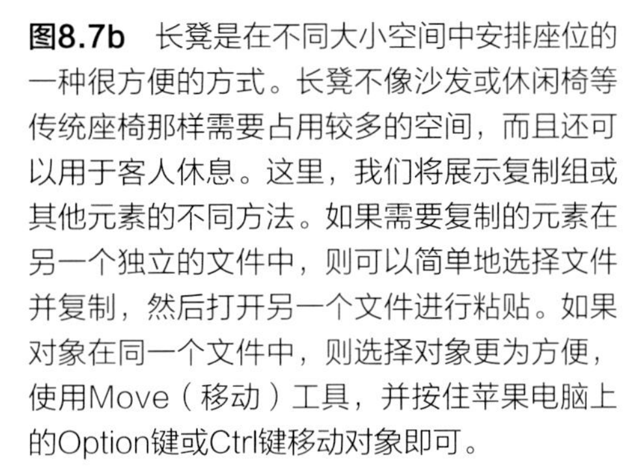

图8.7b 长凳是在不同大小空间中安排座位的一种很方便的方式。长凳不像沙发或休闲椅等传统座椅那样需要占用较多的空间，而且还可以用于客人休息。这里，我们将展示复制组或其他元素的不同方法。如果需要复制的元素在另一个独立的文件中，则可以简单地选择文件并复制，然后打开另一个文件进行粘贴。如果对象在同一个文件中，则选择对象更为方便，使用Move（移动）工具，并按住苹果电脑上的Option键或Ctrl键移动对象即可。

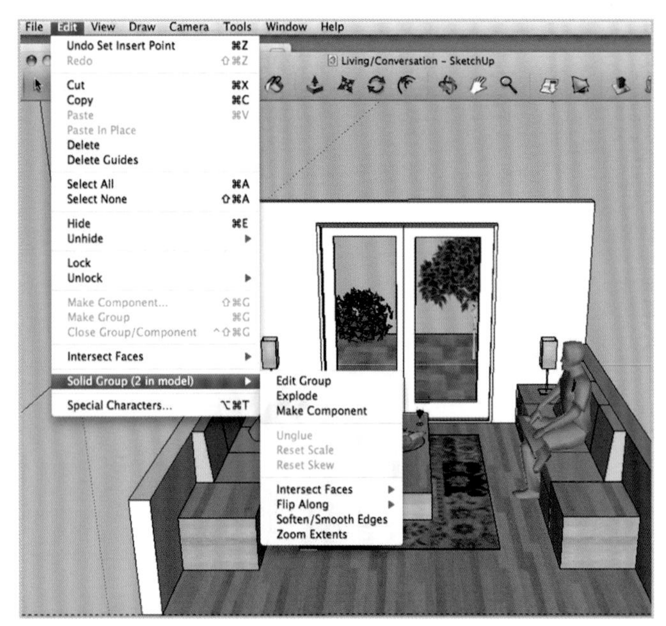

图8.7c 由于视图的重心是另一侧的人物，因此先放置一个人物坐在第一个长凳上。通过Copy（复制）和Flip（翻转）工具可以轻松实现。首先，复制长凳并将其移到房内的对面，选择复制的长凳，然后执行“Edit（编辑）>Solid Group（组件）>Group's Red Axis（组件的红轴）”命令即可。

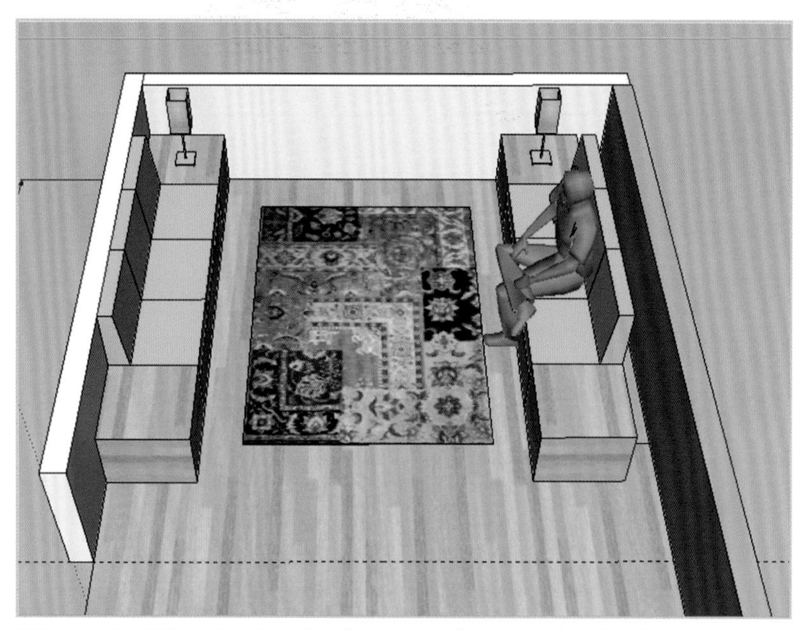

图8.7d 最后将形成一个对称的休息区，人们可以面对面进行交谈。这些长椅设计受到了Frank Lloyd Wright（弗兰克·劳埃德·赖特）的Usonian房屋的启发，家具设计成为房间的一部分。

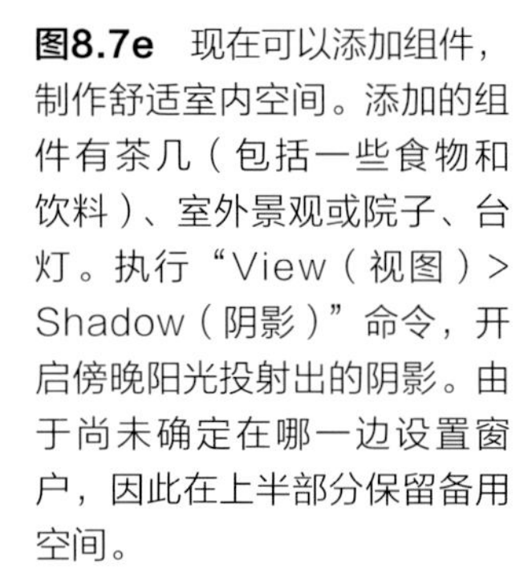

图8.7e 现在可以添加组件，制作舒适室内空间。添加的组件有茶几（包括一些食物和饮料）、室外景观或院子、台灯。执行“View（视图）>Shadow（阴影）”命令，开启傍晚阳光投射出的阴影。由于尚未确定在哪一边设置窗户，因此在上半部分保留备用空间。

参见第12章艺术馆中Pappageorge Haymes的私人住宅设计。此例也展示了室内空间数字效果图的完善过程。

本章涉及的主要命令

在SketchUp中

1. File（文件）>Import（导入）命令
2. Follow Me（放样）工具
3. Edit（编辑）>Solid Group（组件）>Flip Along（翻转方向）命令
4. Windows（窗口）>Styles（风格）
5. Simple（简约）风格
6. SketchUp中Copy（复制）、Paste（粘贴）和Move（移动）工具，这些工具我们在之前章节中已经有所介绍，使用这些工具可以轻松对比不同的方案。

在Photoshop

1. Filter（滤镜）>Render（渲染）>Lighting Effects（光照效果）命令

关键术语

隔墙：区分房间或个人空间的墙壁。

灯光：照射到独立工作区域的灯光，比如照射到书桌上的灯光。

连接关系：分析哪些空间应该相互连接，这样设计者能够最佳配置每个空间的位置。

练习

1. 画出厨房、餐厅和客厅的几种不同布局草图，使用马克笔进行渲染。
2. 将最好的一幅草图导入SketchUp中，并将其挤出到天花板高度。
3. 自定义设计至少一件家具，比如椅子、桌子或沙发。制作此项目的SketchUp文件。
4. 截取各种室内空间视图。在Photoshop中打开至少一个截图，并添加光照效果。

CHAPTER 9

厨房设计

目标

- 了解如何在厨房设计中充分使用SketchUp工具。
- 回顾厨房设计的原则，以及了解National Kitchen and Bath Association（国家厨房和浴室协会）。

概述

一些厨房规划已经成为行业内的标准，包括紧凑型、L形、线性厨房或岛式厨房。它们所具有的共同点是：有足够的准备食物、做饭、洗碗、处理垃圾的空间。国家厨房和浴室协会（NKBA）提供了手册来指导设计师完成复杂设计，且达到美国《残疾人法案》的标准要求。[1]

使用SketchUp组件设计厨房

很多人说，厨房是家的中心，然而，在这个非常小的空间内，有许多技术上的要求，比如烤箱、灶台、制冷、洗碗、垃圾清理、照明和通风等方面的要求。工作台上必须能容纳炒锅和平底锅，以及切割食物、混合食物和准备食物的区域。厨房空间也要与用餐区相邻，便于上菜和收拾。

SketchUp为厨房设计提供了丰富的组件，包括宜家品牌家具模型、高端橱柜和家电等，还有桌面上配有培根、鸡蛋和餐巾纸的组件。你可以通过SketchUp中的组件面板下载需要的装备，有的公司会在网站上提供3D模型，我们可以通过Google Warehouse下载。（提示：创建一幅包含很多组件的SketchUp绘图，这样就可以直接从绘图中复制组件并粘贴到当前正在设计的新厨房图形中，这会比一个一个地搜索组件花费的时间少很多。）

1. 国家厨房和浴室协会，*Kitchen and Bathroom Planning Guidelines with Access Standard*（厨房和浴室规划指南），最新版本。

厨房类型

紧凑型厨房是一个5至6英尺长的预设厨房设计，其中包含炉灶、烤箱、水槽和柜台内的冰箱，可用于不足以容纳全尺寸冰箱的厨房空间。一间6×6英尺的房间即可设计成厨房。SketchUp的组件面板中即包含此预设厨房组件。

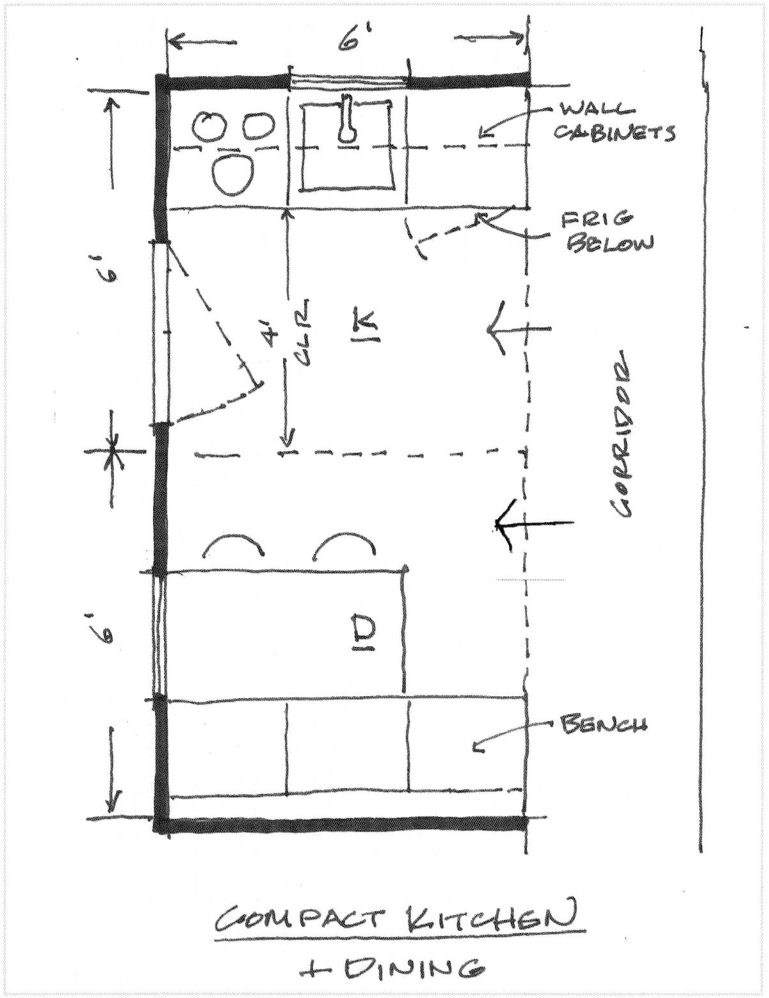

图9.1 紧凑型厨房计划，6×6英尺。在法国这被称为“硬币美食区”，因为这种厨房位于房间的一角。可以将冰箱、水槽和柜台等集成安装到一起，这种厨房适用于小空间或一室公寓。平面视图展示了紧凑型厨房如何与紧凑的用餐区相结合。

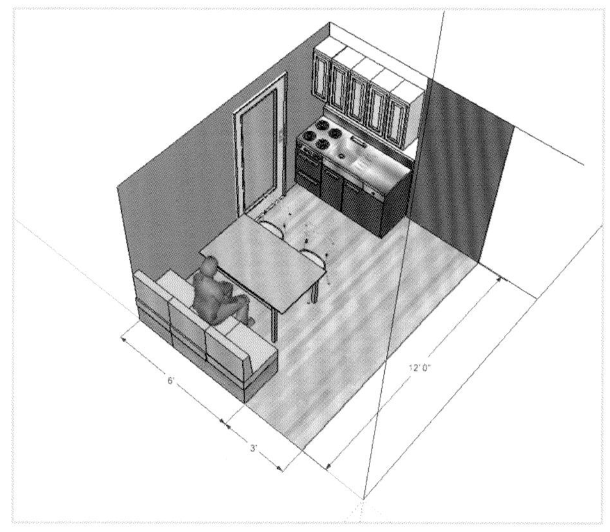

图9.2a 带餐桌和座椅的紧凑型厨房的俯瞰图。

图9.2b 已经完成的紧凑型厨房视图。其中显示了吊灯、盘子、花瓶、装饰画、园林院子景观以及一对年轻夫妇。所有这些均是Google Warehouse中的组件。只有长凳是自定义创建的，用作紧凑型座椅（也可用作床）。

图9.3a至图9.3d中展示了一间岛式厨房。这种厨房规划包含供餐厅使用的吧台。从几个不同的角度，以不同的视角展示厨房。宜家还制作了39英寸高的壁柜，使8英尺高的储存空间最大化。宜家有自己的设计软件，类似于SketchUp，并使用自己的软件组件。宜家还创建与设计配套的成本估算表。你需要做的仅仅是订购已经完成的设计方案并支付费用。厨柜将以拆分包装形式交付，可在送达现场后进行组装。在

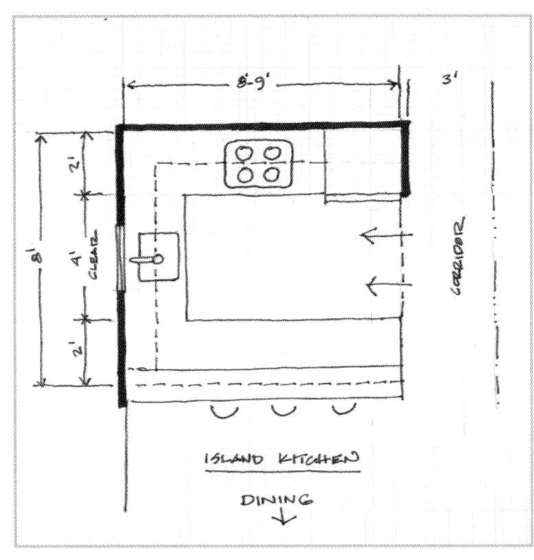

图9.3a 岛式厨房设计（9×12英尺）在食物准备和客厅用餐区之间提供了开放式厨房和吧台。

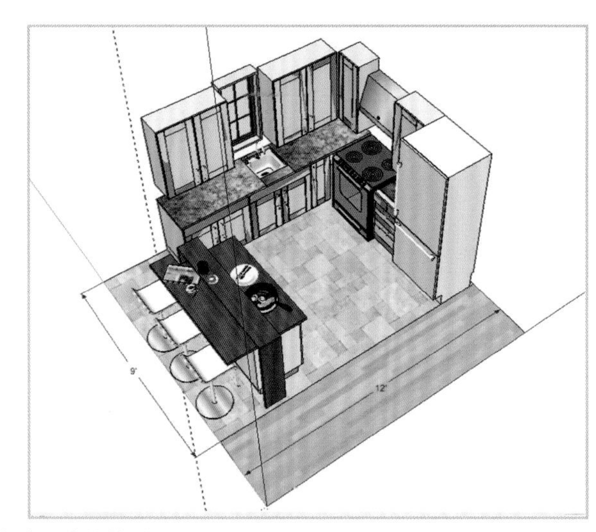

图9.3b 岛式厨房的俯瞰图。

图9.3c 岛式厨房顶视图截图。其中显示有吧台、培根、鸡蛋和石质地板及其毗邻的木地板，所有这些都是Google Warehouse中的组件。

图9.3d 添加人像（来自Google Warehouse）后厨房的正常视觉高度视图。窗户位于水槽上方。

SketchUp组件中宜家厨柜组件表现非常优秀。

图9.4至图9.6所示的是U形宜家厨房。其中有一条通往客厅的通道。这种厨房设计能提供更封闭和私密的食物准备区域。宜家为不同的厨房风格制作了各种橱柜门。

（参见第12章独户房屋中Pappageorge Haymes私人住宅厨房设计和SketchUp渲染技术。）

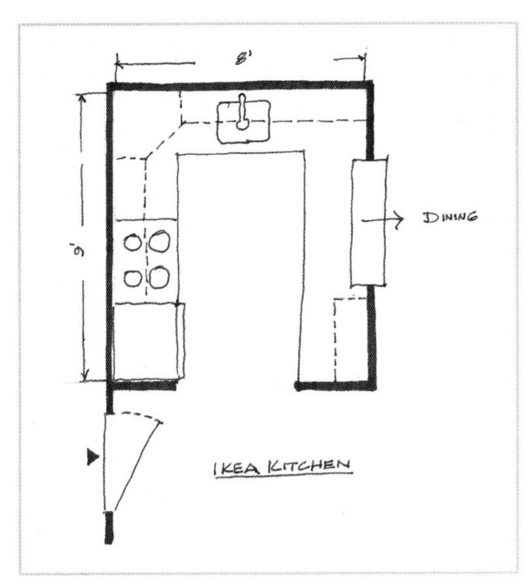

图9.4 宜家厨房设计与标准宜家橱柜。

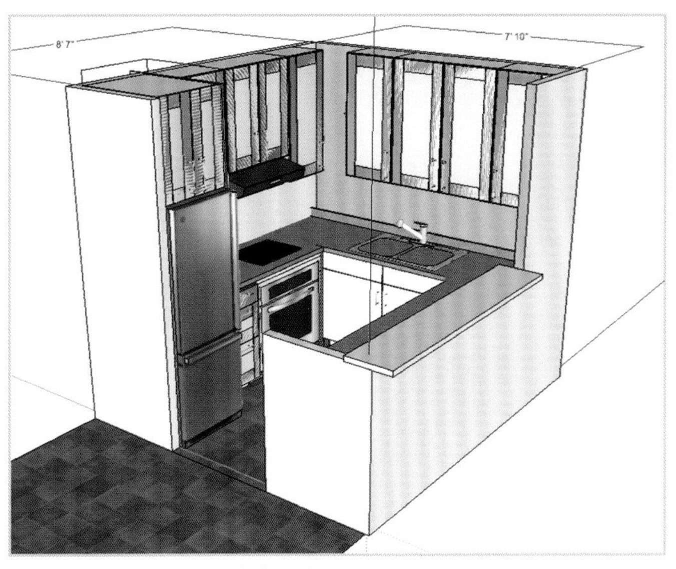

图9.5 具有开放式半岛柜台的宜家厨房视图。

图9.6 完成的宜家厨房照片，其中使用了白色宜家橱柜和灯具，以及挂具、吧台和花岗岩台面。

关键术语

紧凑型厨房：一种内置厨房，通常沿着墙壁布局，其中包含完整的机械设备和电器。

岛式厨房：一种带底部厨柜和吧台的开放式厨房。可以采用36英寸或42英寸的吧台高度。吧台的高度能够将餐厅里所有准备物品遮挡住。

通道：如果需要更私密的食物准备空间，则可以打开墙面，从通道中将食物送到用餐区。

练习

1. 使用NKBA手册，使用指定的尺寸设计几种不同的厨房类型。为此，下载需要的SketchUp文件。

2. 使用SketchUp技术，显示厨房中添加窗户后的效果。

CHAPTER 10

浴室设计

目标

- 使用SketchUp尝试不同类型和尺寸的浴室设计。
- 了解不同类型和尺寸的浴室对家居其余部分产生的影响。

如何使用浴室、卫生间和化妆间

很多人都知道，对于现代、舒适的家居来说，室内“浴室”是至关重要的。浴室是一种委婉的说法，其实这个房间远不止用于洗澡。室内管道设计是人类追求舒适居住环境过程中相对较新的发展领域。罗马人在户外沐浴，并在温暖的气候中迷醉。欧洲和美国直到20世纪，依然普遍采用直接在户外排便这种方式。纽约的公寓居民只能奔到后院轮流如厕。

早期版本的室内厕所被称为crappers（厕所），作为发明家的荣誉，以发明家托马斯•卡普尔（Thomas Crapper）命名，他普及了室内洗手间概念。在第二次世界大战后的美国，紧凑型室内浴室是所有新房建造的必需品，但这些浴室非常小，通常约35平方英尺，洗浴区和浴缸旁边带有洗手池和厕所。欧洲人则将浴室和洗手间独立开来，这样更加卫生，也能减少厕所和浴室的拥堵。

本章我们将探索这些不同类型的浴室，还会添加洗衣机、烘干机，并查看在SketchUp中的设计效果。我们将首先创建一个12 × 12英尺的地板平面，然后使用SketchUp的Push/Pull（推/拉）工具拉伸至6英寸厚。最后，我们会选择整个地板，并将其成组（参见第4章内容），这样我们就可以移动地板四周的墙壁了。

现在设计一个5 × 9英尺（45平方英尺）的基本浴室，包括卫生间、洗手间和浴缸。使用墙壁将厕所与洗浴区分开，并为每个空间创建独立的门。我们虽然未增加区域面积，但已经大大增强了家居的私密性。可以通过SketchUp中3D模型轻松进行展示。

之后，我们将浴室扩展成一个套房，包括一个步入式淋浴间和洗衣机、烘干机组合单元。这个空间的面积为12 × 9英尺，即108平方英尺。这样只增加了63平方英尺的浴室区域，但具备了很多实用功能，这些功能对于多住户的住宅单元来说尤其有用。（提示：可以将基本浴室中使用的组件单独保存，也可以将文件另存为大套件设计文件。这样就避免了每次搜索组件的麻烦。）

请参阅第12章中的Pappageorge Haymes私人住宅，掌握浴室设计和SketchUp渲染技术。

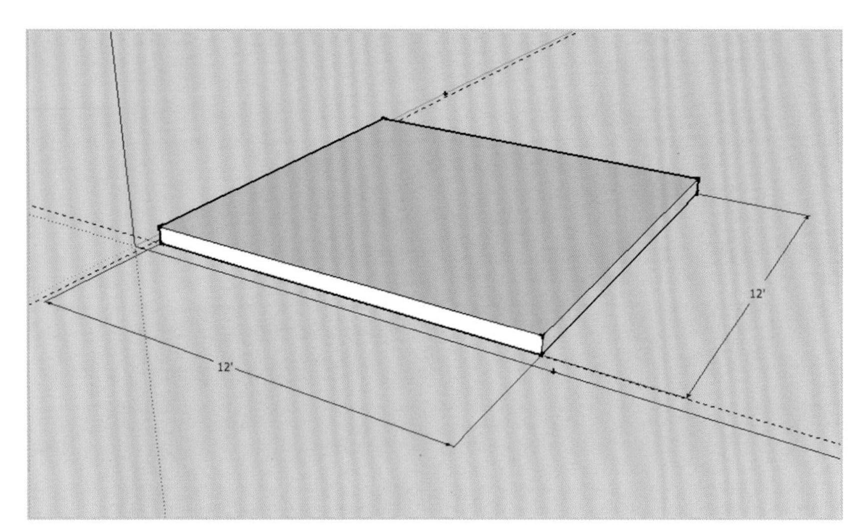

图10.1 这里显示的模块是12×12英尺的6英寸厚的混凝土，作为这套房间和本书PART III其他房间的基础。首先，使用Rectangle（矩形）工具绘制矩形，然后挤出6英寸高度。将其编组，这样便于移动四周的墙壁。

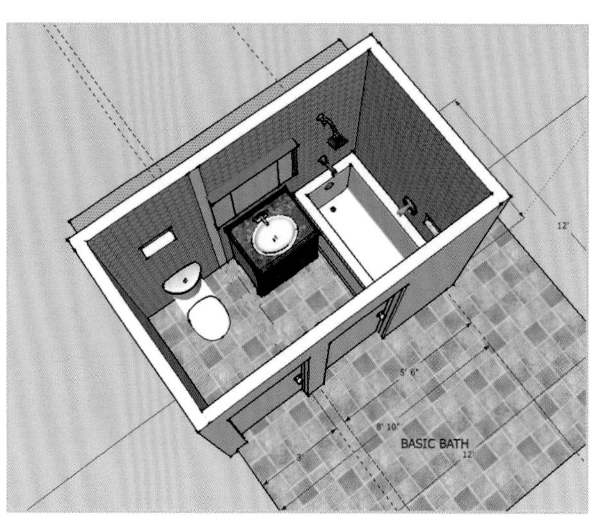

图10.2 基本浴室，5×9英尺。这种尺寸至少能提供基本的舒适空间。需要注意的是，浴缸水龙头位于侧壁上，这样便于在泡澡时打开或关闭水流。此外，墙壁上还有一个用于放置肥皂和洗发水的壁龛。

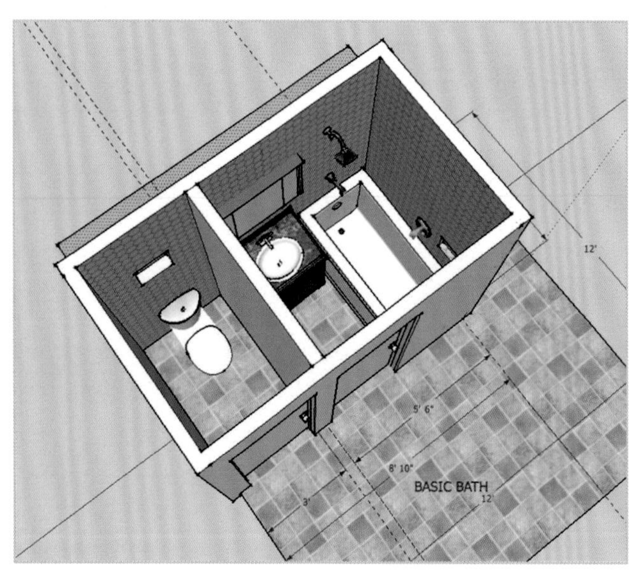

图10.3 独立浴室。现在，采用相同的尺寸，即5×9英尺，在洗手间和浴室之间放置隔墙，这对于增强私密性非常重要，且不占用额外的空间。

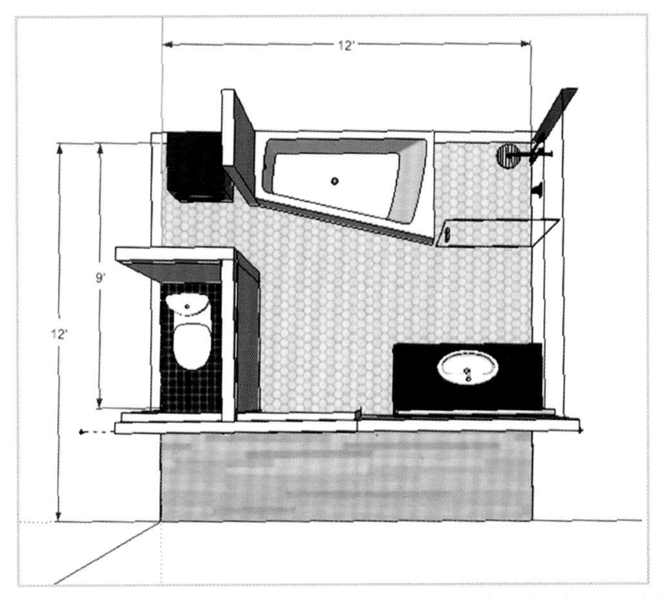

图10.4a 浴室套间，平面图。9×12英尺的区域足以容纳一个浴缸、一个淋浴、一个60英寸的洗手台和一面镜子。还提供了独立的、私密的厕所位和洗手间挂放烘干机的实用壁橱。欧式风格浴室中，比如Miele（美诺），壁橱和厨柜下方整齐地安装了紧凑的24×24英寸管道，形成一套完整的循环进行洗涤和干燥。

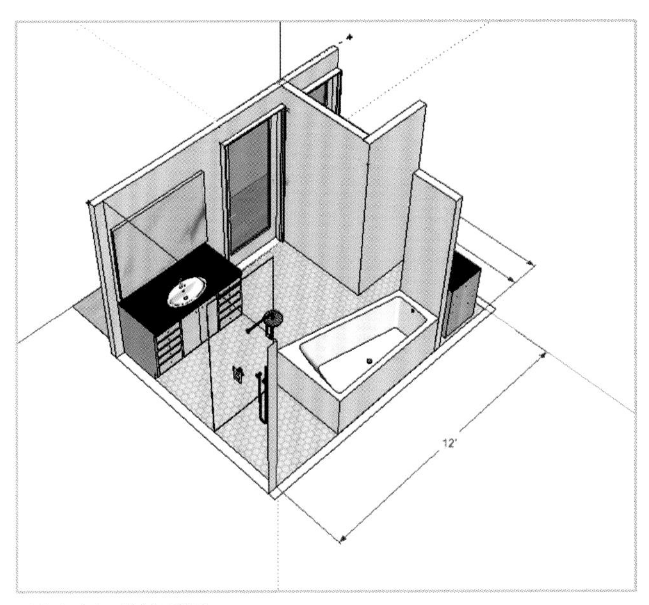

图10.4b 浴室套间的俯瞰图。

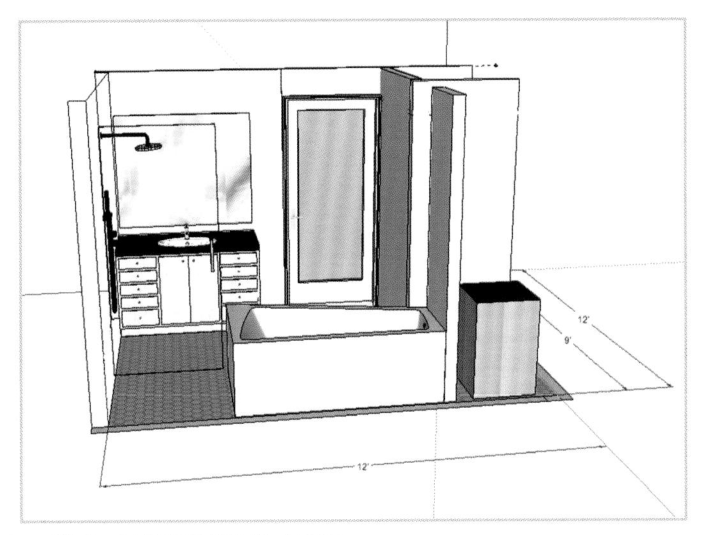

图10.4c 浴室、沐浴和洗手间的立面图。

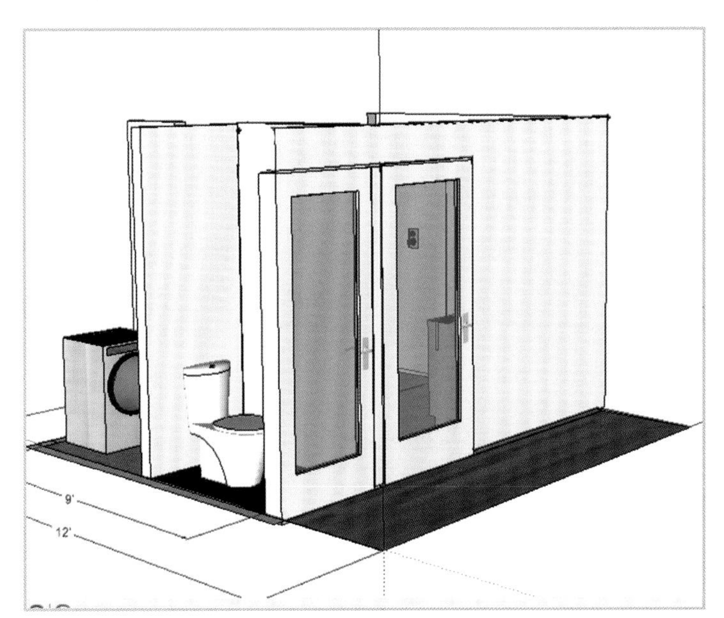

图10.4d 从走廊视角的剖面图，显示了独立的厕所和洗衣机、烘干机。

关键术语

化妆间：通常是一个带有厕所和洗手间的小房间，一般位于门厅附近或在门厅内。单纯化妆功能的卫生间目前已不再流行，但是这个词还普遍使用，实际上我们应该称这种单纯化妆室功能的卫生间为洗手间。

群组：如第4章所述，在SketchUp中创建组作为一个单元，能避免干扰墙壁和其他元素。

练习

1. 素描或拍摄可能需要在设计中使用的不同类型的浴室。
2. 保存市售的灯具和水龙头等模型文件。有时制造商会提供SketchUp模型以供下载。
3. 研究可用的洗浴盆类型和尺寸，包括爪足洗浴盆。
4. 尝试浴盆与墙壁分享的设计方案。
5. 尝试添加具有开放和私密视角的窗户景观，比如海洋或山。
6. 有的浴室向着卧室开放，如何形成隐密与开放之间的必要平衡？
7. 尝试将卫生间从卧室中分离出去，与洗手间和浴缸完全分隔开。

CHAPTER 11

卧室和书房设计

目标

- 了解如何分析客户对卧室的功能和设计的需求。
- 通过SketchUp模型整合手绘草图，并使用Photoshop整理卧室和书房。
- 掌握各种不同配置，处理好睡眠、学习、着装和洗衣间的连接关系。
- 使用Photoshop的Lighting Effects（光照效果）滤镜了解照明对房间氛围的影响。

概述

我们将使用数字工具来帮助大家了解如何规划独立卧室的连接关系。我们将探索睡觉、学习、衣柜、浴室和洗衣间的不同空间关系。在本章中，将通过灯光和阴影工具比较这些私密空间的不同方案，最终由客户的需求和预算来确定设计方案。

标准或基本的卧室由一个或两张床、两张桌子、两个阅读灯和一个衣柜（内置或独立的衣柜）组成。我们一直在使用的标准的12×12英尺模块即可满足这些需求。这种类型的卧室既经济，又高效，开发商广泛采用。由于利用了床与衣柜之间的循环空间，这种尺寸的卧室具有很高的空间利用率。但是，如果是由两个人分享同一间卧室，那么衣物存放的分隔可能会成为问题。有时候，因为个人习惯不同，打开衣柜门可能发现都已经到床边了，这让人很烦恼。如果能够承担得起，最好在卧室邻近处设置步入式衣柜或更衣室。

书房/衣柜间

如果不在卧室里放置衣柜，卧室肯定能变得更加宽敞，这样可以添加一张休闲椅或书柜便于阅读。将衣柜移出卧室，并创建一个单独的房间，这样也可以将书房纳入到这个单独的房间中。你可以在单独的房间中创建出两个相对独立的小房间，分别用作书房和衣柜间。

书房或家庭办公室

可以在房间内创建一个较大的书房区域和较小的衣物存储区域。这更适合于单人居住房间，能提供更宽敞的私人办公室和宽敞整洁的卧室。书房中可以容纳书架、书桌、台灯，以及衣柜和壁橱。使用Photoshop中Filter（滤镜）>Render（渲染）>Lighting Effects（光照效果）滤镜向客户展示在办公桌上使用台灯时的房间效果。还可以在天花板上和/或在衣柜里面尝试添加更多的照明设备，比如壁挂灯。许多LED灯可以在衣柜门或抽屉打开时自动开启。

理想的卧室套房要毗邻浴室或主浴室套间，其中包括洗衣区，因为卧室跟衣服存储区域也相邻。通过确定浴室和毗邻的卧室/书房在主要区域中的方向，可以在家居中形成公共和私人空间的分隔，这些将在第13章中展示。

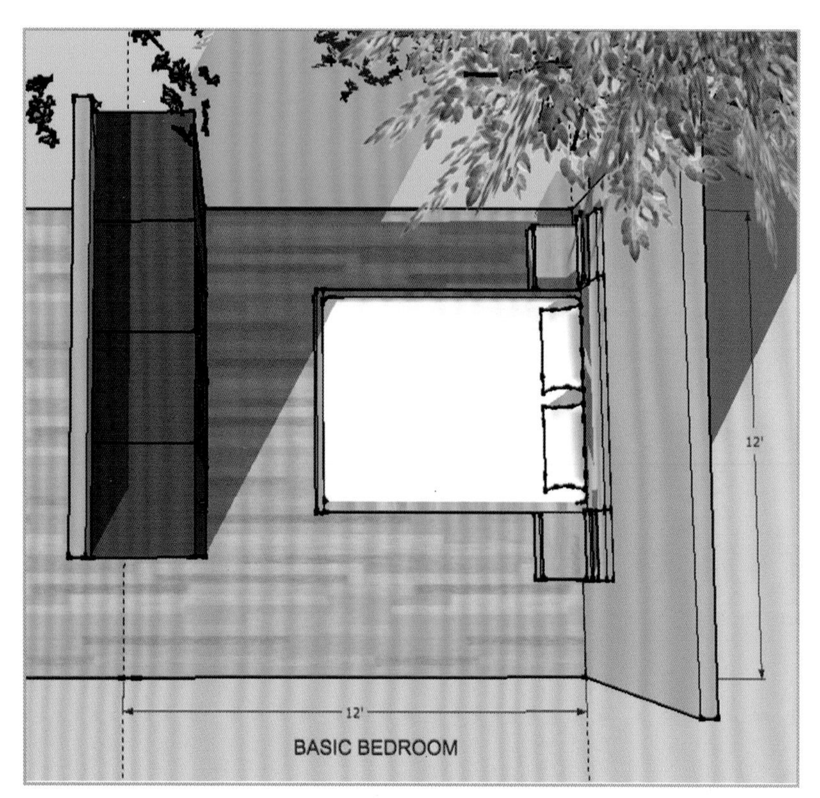

图11.1a　基本的卧室，俯瞰图，床单、床头柜和衣柜放置在同一个房间中。空间紧张，但经济实惠。

图11.1b　基本卧室，SketchUp组件库中的衣柜视图。

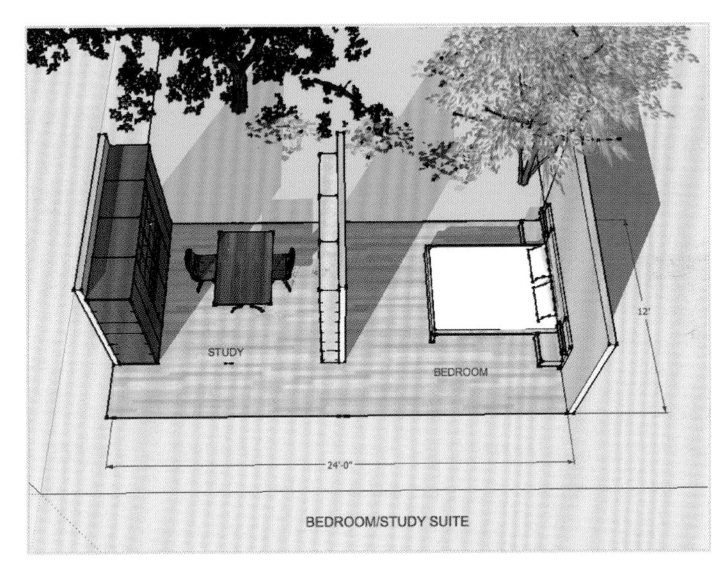

图11.2 与卧室毗邻的书房，其中包含书架和两个衣柜。

图11.3 与两个更衣室相邻的双人卧室。

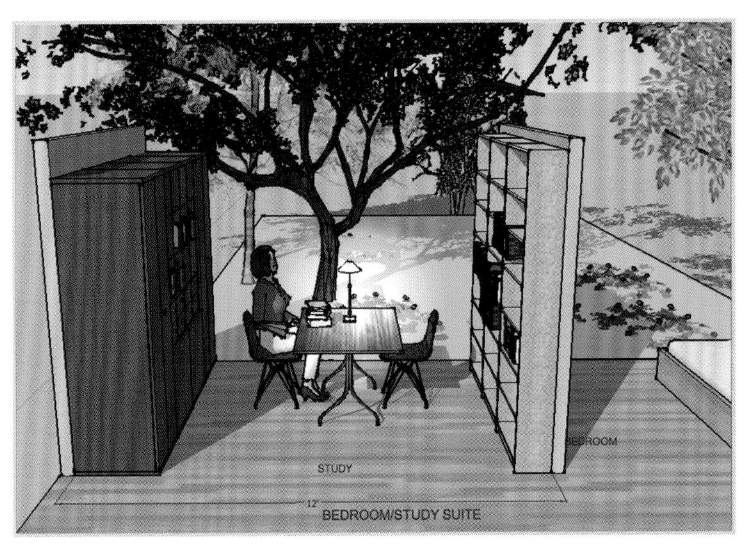

图11.4 夜间学习。添加一盏台灯、一些书籍和一个正在学习的人像。将此视图截图，并在Photoshop中打开。然后，按照前面图6.11e和6.11f中介绍的方法，为其应用Filter（滤镜）>Render（渲染）>Lighting Effects（光照效果）。然后调整光照类型、焦点和环境，平衡光线照射区域和房间的其余区域的明暗对比。

关键术语

独立壁橱：独立的橱柜，可用作衣柜和货架。

LED灯：发光二极管灯具，是一款非常节能高效的灯具。可以形成较小光束，是安装在橱柜、衣柜和用作装饰灯的理想灯具。

练习

1. 绘制卧室、浴室、书房、壁橱和洗衣区相连的各种空间布局方案。随意设计布局。例如，尝试将洗手间设计在厕所和浴室之外，这种布局可用于一些酒店。

2. 展示卧室中放置两张床和放置一张双人床的效果差别。需不需要在床的两边放置床头柜，或者在两张床之间放置储物柜或书架？

3. 展示通过在卧室中添加一张桌子和椅子，形成卧室和书房功能合二为一的房间。

CHAPTER 12

单户房屋设计

目标

- 了解如何使用模块化的房间布置和前几章介绍的连接关系，创建各种不同的单户房屋类型。
- 了解如何综合使用手绘草图、SketchUp和Photoshop来表现各种不同的单户房屋类型。
- 了解不同的场地大小和形状对室内设计的影响。

概述

本章将探索使用手绘草图、SketchUp和Photoshop来排列组合邻接的空间关系，形成一系列单户房屋类型（下一章将介绍在高密度城区联排别墅和公寓的设计）。本章将介绍如下几种住房类型和场地的关系：

- 场地/景观图
- 简单的房屋：核心
- 平房
- L型房屋
- H型房屋
- 两层H型房屋
- 半山房屋

场地规划

从图12.1a和12.1b的场地图形中可以看出，这种场地适合设计四种不同类型的单户房屋。图12.1a场地图中采用气泡图的形式，标注了在狭窄的25英尺空间房屋布局的注意事项，以及角落处50英尺的可用区域。图12.1b中的场地平面图显示了将要介绍的这四种不同房屋类型与场地的契合效果。这些场地规划可以帮助你了解房屋设计的基本情况，包括其中的交通通道，可以看见行人和车辆进入家庭和停车场的情况对设计平面图的影响。

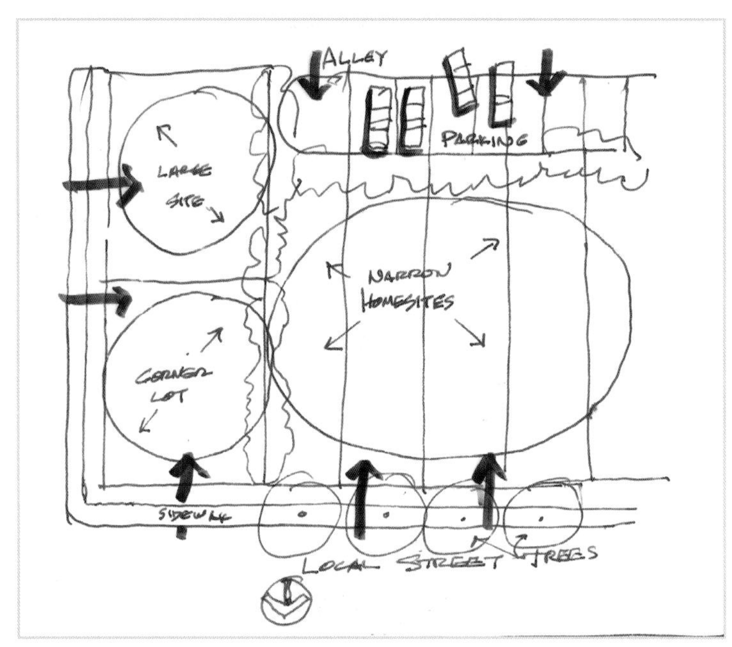

图12.1a 低密度住宅区土地利用总体布局。

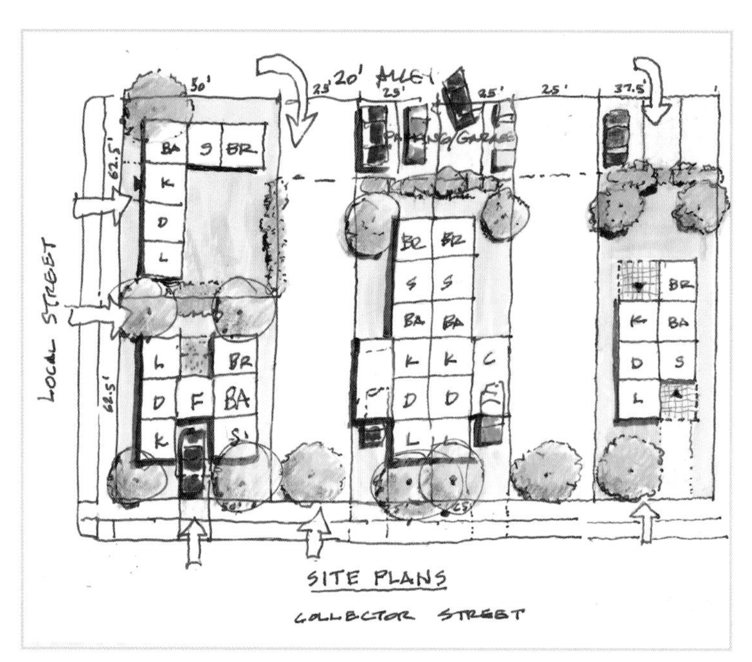

图12.1b 场地规划。可用于建造单层住宅的场地。规划一座简约的平房。在较大的50英尺角落地段规划一层H型和一层L型房屋，在25英尺较窄的地段规划I型房屋。在一侧的0型区域，以及侧面和车道可用作车棚或附加的空间。这种设计更加经济，能将两侧区域作为备用场地。

前期注意事项

在开始考虑任何设计项目之前，要先做好准备工作。每个项目需要遵循以下六个基本要素：

1. 客户。我们需要考虑各种可能的客户类型：小家庭、混合家庭（父母和之前配偶有孩子）、合住在一起的单身人士，客户的生活、工作情况，以及单个房间的空间。

2. 规划。本书中的不同设计规划差别较大，将会规划单独的房间大小，以及整体家居。若要提高空间利用率，则会稍显紧凑。

3. 预算。大多数情况下，我们会尽量节省预算，这往往也是客户的希望。如果他们愿意花钱，预算必然可以更高一些。

4. 场地。本章讨论了选址的一些考虑因素：高密度和中等密度城区、低密度郊区或农村。在很大程度上，这取决于客户的意愿和预算。有时候客户会要求设计师参与场地选址，这需要更多的投入。

5. 合同。合同约定了客户与建筑师/设计师之间的权利义务关系及相关条款。

6. 预付款。在商务关系中，为将要完成的工作提前预付现金是非常重要的。

独幢别墅

以前对于大多数美国人来说，拥有一个单独的家是他们的美国梦。典型的理想家居位于一个独立的地段，拥有前院、后院和侧院以及丰富的景观，附近要有一所好的学校，且没有潜在的危险。今天，这个梦想看起来有点古老了，像是怀旧的50年代回忆之旅。之后，许多因素在影响着这个梦想。首先，很多美国人不可能在郊区买大房子。在没有长途通勤的低密度地区就业很困难。随着交通成本的上涨，地价和建筑价格的上涨，美国人建造独幢别墅的能力逐渐消减。根据McIlwain（麦克韦琳）和Floca（福卡）在2006年写的《城市土地研究》（*Urban Land Institute*），中等大小的新的美国家庭住所开始逐步减少。[1]

其次，美国家庭的定义已经在悄然改变，不再是传统的爸爸、妈妈和两个孩子这样的家庭结构。由工作的父亲、留在家里的全职母亲和两个同一家长的孩子构成的典型美国家庭，现在只占到总家庭数的10%多一点。[2]现在的典型美国家庭是一个混合的家庭。作为家居设计师，我们现在面临着的家庭，更多的是有两组不同的父母，并且只有部分时间居住在家中。需要有继父、继母的空间，以及成年子女在大学毕业后尚未工作时的居住空间。还有的家庭是由单身成年人和单身同居成年人组合而成。还有一些人喜欢独立居住在单人房间。这种家庭结构的变化，要求我们重新考虑隐私的标准，以及更小、更高效的空间规划要求。本章中展示的房屋已经考虑了这些不断发展的标准变化。

图12.1c 芝加哥的单身住宅，拥有宽敞的前院和一些树木。

图12.1d 芝加哥带有门前通道的平房。

1. 约翰·麦克韦琳和梅利莎·福卡，《多户家庭趋势》（*Multifamily Trends*）（华盛顿：城市土地研究，2006）。

2. Gwenclolyn Wright，《筑梦》（Building the Dream）（剑桥，麻省理工学院出版社，1981年），第18页。

简约房屋

简单而狭窄的房屋是一种非常经济实惠的起居房。也可以用作较大场地的附属建筑，用于成年人家庭成员的居住，或用于租赁。这里介绍的简约房屋是一种狭窄的房屋，其中的房间和空间尺寸与较大房屋中的房间尺寸是完全相同的。较大的房屋中包含的房间较多，比如更多的卧室、书房和门厅，但各个房间都是在12×12英尺的模块上构建的。基本的房屋面板可以为750到900平方英尺。通过扩展，可以扩大到1050平方英尺，但仍然是“简约的房屋”。在狭窄地段或是宽敞地段中剩余的狭长区域，可以充分体现出狭窄房屋的优点。这种房屋比较窄，如果经济上比较划算，可以在工厂中建造好各部件，然后拖到现场安置。每个房间或空间可以拥有完全开放的视野，以看到庭院或花园。在房屋的侧面，而不是前面和后面，有足够的空间用作车棚或人行道。本章中展示的简约房屋有时会将外墙和屋顶隐藏，这样能让观众更好地观察室内。可以自由地尝试SketchUp中的景观组件和Shadow（阴影）工具。展示房屋布局设计，给出停车区域的建议，可以在场地中，也可以在房屋前面。

图12.2a　一座简约的房屋。在狭窄地段建造的狭窄房屋，如线条图所示。

图12.2b　这种设计包含了车道、侧面入口以及宽敞的边界空间，适合于25×125英尺的场地。可能会达到700到1050平方英尺的占地面积（有些外墙已被隐藏，便于显示室内装饰）。使用马克笔和彩色铅笔进行着色渲染。

图12.2c　简易房屋场地规划。图中显示了房屋与街道、过道（停车场）和附加的园景场地之间的空间关系。通过门厅从侧面进入房屋。

图12.2d和图12.2e　新奥尔良狭窄的Creole（克里奥尔）房屋。这里展示了两个简约、狭窄的新奥尔良家居实例，叫作Creole房屋，房屋虽然狭窄，但这是一款实用又经济的居所，能够居住很多人。这些房屋是街道上一道坚固而多彩的风景。

一层平房

平房是最普遍的房屋类型之一，可以在绝大部分城市和郊区看到平房。平房的规划原则与简约房屋相同，通常面积相同，但宽度约为两倍（约25英尺），总体面积为900到1200平方英尺。

图12.3a和图12.3b平房。这是一座1200多平方英尺的两卧室或三卧室的房屋，宽度为25英尺。描摹SketchUp模型绘制出黑白草图，并使用马克笔和彩色铅笔进行着色渲染。尽管在很多较宽的场地需要创建侧边入口，但通常还是从前面进入平房。位于房屋后面的场地是用作内部停车场或车库的理想选择。

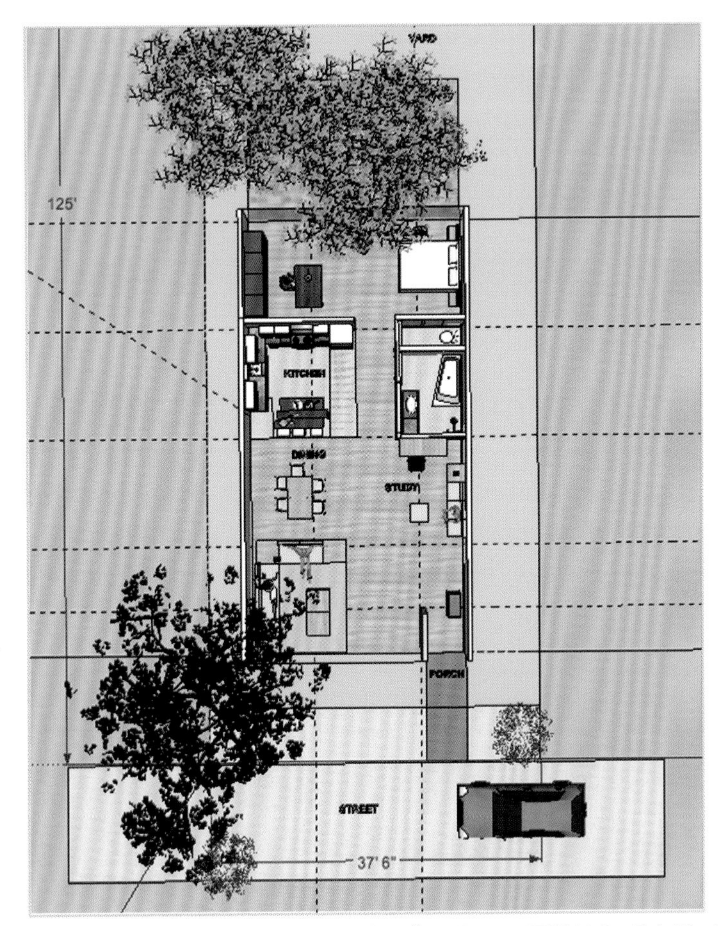

图12.3c 场景规划图中显示了进入房屋的通道。图12.3c至图12.3e是在SketchUp中制作的。

平房的前部通常是向街道开放的客厅/餐厅，而后部则为私密的卧室或书房空间。如果需要两间卧室，则分别约12英尺宽，或者也可以将其组合成一间大的主卧或书房，如图12.3d所示。

用新的矩形定义场地大小。使用Materials（材料）工具，将矩形着色为显眼的绿色（提示：最好坚持使用蜡笔盒颜色工具，以尽量减少所使用的颜色数量，这样便于之后轻松找到）。

图12.3d 平面规划图。

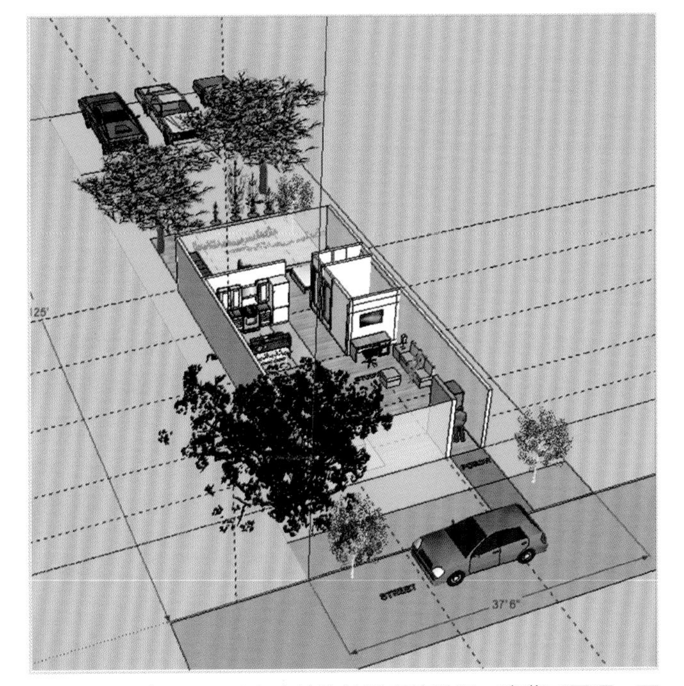

图12.3e 在SketchUp中渲染的平房俯瞰图，隐藏了屋顶。可以与图12.3b中的手绘草图相对比。

这座房屋受到景观的影响很大，所以调出Components（组件）面板，搜索不同类型的树木、灌木和花朵，以及汽车和人物，能够搜到很多同类组件，可以从中选择。将SketchUp的正前立面图保存为jpg格式文件，并在Photoshop中打开。从这步开始，可以使用钢笔工具绘制各种可能的屋顶和阁楼设计。

隐藏外墙和屋顶，便于在室内空间进行操作。可以放大以检查不同的房间、家具的布局，并完成布局调整。从后花园观看卧室/书房的视角特别实用，通过截图记录不同的视图。或者通过SketchUp中的“View（视图）>Animation（动画）>Scenes（添加场景）”命令添加特定视图。完成之后，取消隐藏所有内容。打开和关闭阴影，查看在一天的不同时间阴影的效果（提示：如果不确定喜欢哪个版本，或想要向客户显示多种方案，则使用新名称保存SketchUp文件。这样可以向客户展示一系列精细的室内规划、家具选择和布置方案，以及颜色的选择方案，和不同时间的阴影效果。但是也要注意不要创建太多的版本，能够展示出作为设计师推荐的各种可行方案即可）。

庭院式房屋

庭院式房屋可以有许多不同的形式，其中，庭院位于房屋中心是比较常见的一种类型。在我们的案例中，我们采用了L型房屋形式，使其背对着街道和过道，并通向内部花园。见图12.1b场地规划图的左上角，你会发现一个62.5英尺宽，50英尺长的场地。如果相邻的过道是垃圾转运或其他服务的通道，或者像很多地方一样用作停车场，那么可能这并不是房屋正对的理想方向。可以让房子朝向室内花园。

尝试从手绘草图开始进行概念设计。然后，可以使用马克笔和彩色铅笔着色渲染，呈现给客户。客户同意后，可以使用SketchUp更精确地制作模型。使用“Camera（相机）>Standard Views（标准视图）>Top（顶视图）”绘制规划图，使用Dimension（尺寸）工具显示房间和整体房屋的尺寸，在Components（组件）库中选择要导入的家具。选择一组景观对象：树木、灌木、花卉和户外家具。利用这些组件优化所创建的室内花园。选择汽车组件，放置在车道上，选择其他图像为视图添加生机。注意花园中的人物图像，因为这是设计的重点。当添加家具和材质时，将墙壁和屋顶隐藏。完成操作后，即可以采用前面介绍的方法，将墙壁重新显示出来（提示：可以随时隐藏和取消隐藏部分内容，以便于更好地观察模型。截取更多的视图，以展示在通过过道时观看到的室内效果）。

图12.4a和12.4b庭院式房屋。这是一座1050平方英尺的房屋的线条图，之后用马克笔和彩色铅笔进行着色渲染。房屋的理想朝向是面向内部。空间规划紧凑但区域分割明显，显得非常宽敞。

图12.4c 房间布局的俯瞰图，可以添加书房或扩大卧室区域。车库在侧面，门厅在角落处。图12.4c至图12.4k是在SketchUp中制作的。

图12.4d 庭院上方的斜视图。

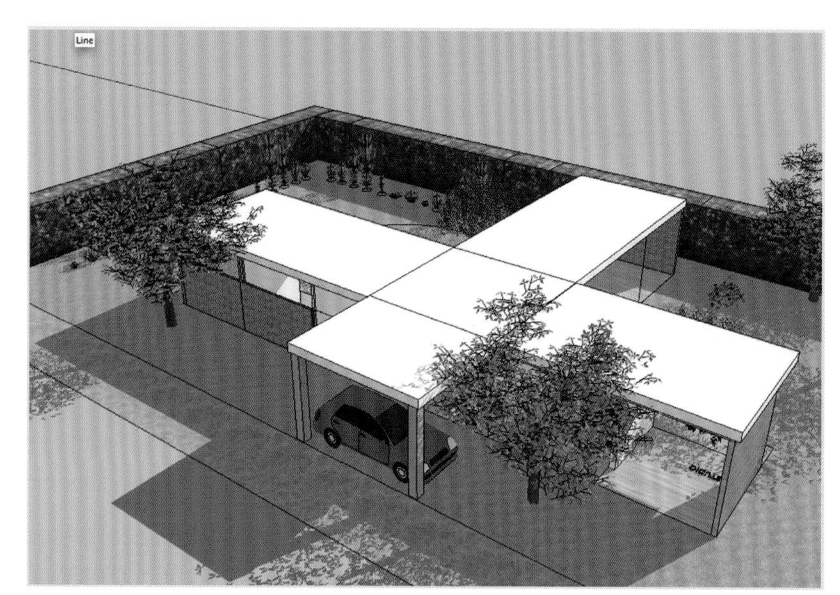

图12.4e 从街道俯瞰房屋视图，显示了景观和阴影。

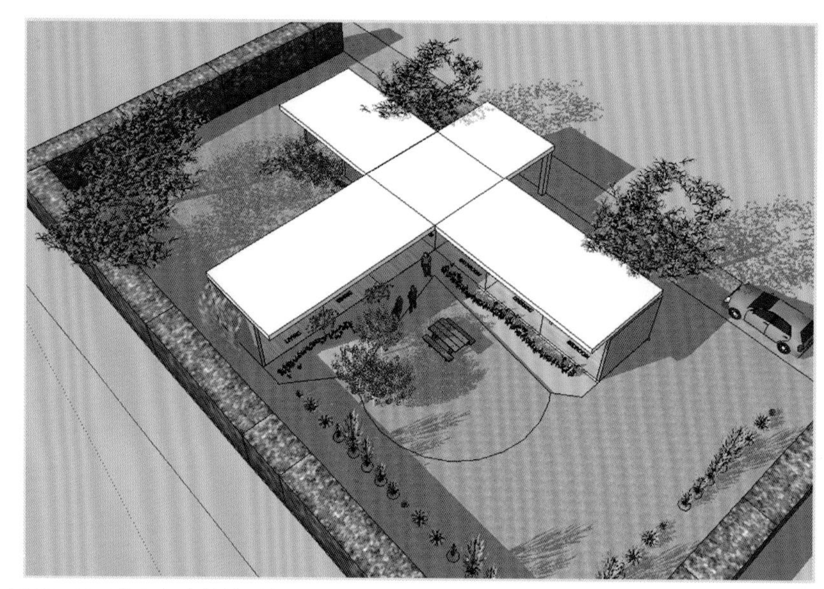

图12.4f 院子上方的俯瞰视图，开启了阴影。显示了房屋屋顶，导入了花朵群组。

图12.4g 从庭院的倾斜视图。

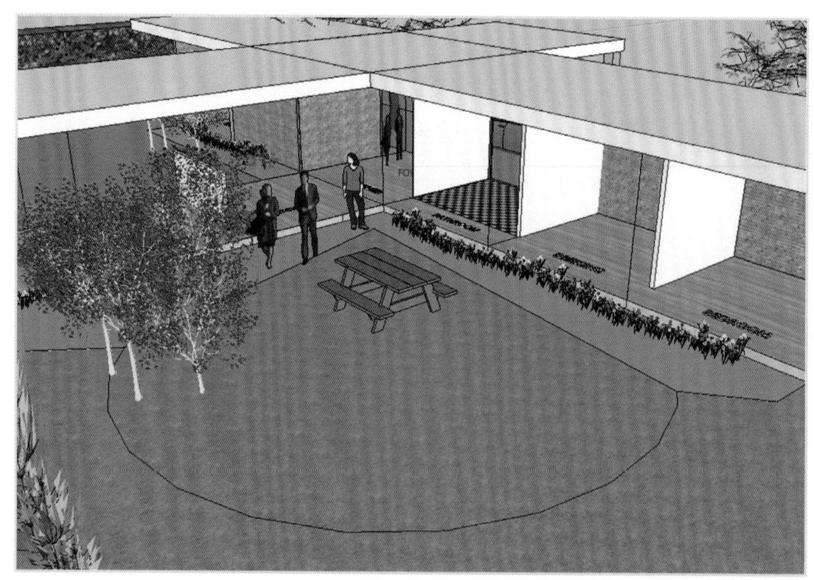

图12.4h 导入植物的庭院俯瞰特写视图。导入了花朵群组。

图12.4i 入口车棚的正常视角视图。

图12.4j 院中会客和餐饮露台的正常视角视图。

图12.4k 庭院的正常视角视图。

H型房屋：单独规划角落场地

我们再次使用较大的场地，宽50英尺，长62.5英尺，我们可以改变房屋的布局方向，但各房间的尺寸和邻接关系保持相同。见图12.1b，注意左下角，这是一处场地角落，所以它具有双面光照条件。假设在50英尺的一侧有一个车棚或车道，则可使用门厅来划分房屋，形成两个不同的区域：大开间和卧室套房。这样可以将房屋分离出一块正式的公共区域，供成年人娱乐，和另一块比较安静的区域，用于家庭成员学习或睡觉。这也能形成一个独特的院内空间和室内/室外露台。

与前面的庭院式房屋一样，使用景观组件来装饰花园空间。为户外地板和室内地板使用不同的地板材质。还可以为后庭院添加顶棚，创建出一块室外空间，并能免受雨淋和阳光照射。

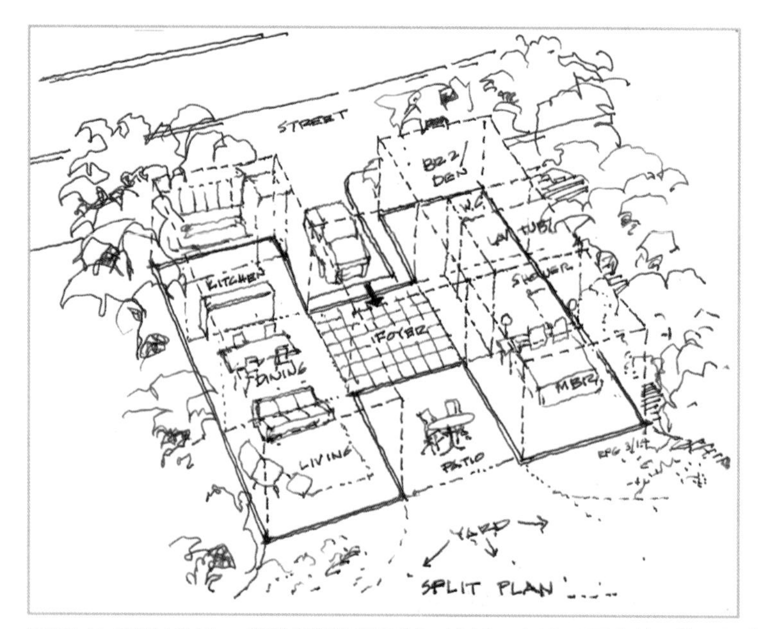

图12.5a和图12.5b 单独规划角落区域。这是一座1050平方英尺的一居室或两居室房屋。视图中隐藏了屋顶，以显示室内家具、布局和阴影。

图12.5c 在SketchUp中的俯瞰视图，隐藏了屋顶。

两层独立规划的房屋

在这个主要的角落地段可以建造一座更大的房屋。随着家庭成员的成长，可能会需要添加第二层房屋，当然，地基要足够牢固。首先绘制手绘草图，使用SketchUp工具和数位板完成概念设计。

在SketchUp中将文件另存为新的文件（针对两层模型）。在第一层平面图的基础上画出第二层，并保留为白色。在这个模型上，根据需要绘制房间的布局。浴室最好堆叠在一层浴室上方，这样布局管道更经济实惠。在门厅内指定一个区域用作楼梯（提示：按住Shift键的同时用数位板画一条线，直线将保持在X轴或Y轴方向上）。

现在复制并粘贴一层模型，重复使用已经创建的墙壁。对于不想重复使用的模型，可以轻松将其删除。隐藏一些外墙，这样可以看到内部中庭/楼梯部分。将此图像保存为jpg格式并在Photoshop中打开。创建一个名为stairway（楼梯）的新图层，使用数位板绘制楼梯旋绕中庭到楼上的图形。

图12.6a和图12.6b 这是一座1050平方英尺的二层房屋，总共2100平方英尺，房屋有四间卧室和三个浴室。

如有需要，你可以关闭其他图层，只显示楼梯图形，还可以在这里对楼梯进行优化。

现在返回到SketchUp的门厅中，从房屋前面以俯瞰视角查看房屋。将二楼模型的不透明度调低至约30%，这样可以看清一楼的室内空间。截取图形，在Photoshop中打开，画出中庭楼梯。在SketchUp中完成这座房屋的建模，创建出带有倾斜露台和外伸屋顶的草原风格设计。完成之后，在空间上绘制一些屋顶，以展示从户外拐角处两条街道观看房屋的外观，以及房屋的俯瞰效果。添加景观和阴影，在房屋前面入口处添加汽车和人物。可以根据需要保留参考线便于添加纹理，或者将其删除。

二层房屋是一些新型客户、混合家庭，甚至是单身人士的理想选择。可以建造大的2100平方英尺的单户房屋，也可以将二层的浴室转换成厨房，形成一个双层各900平方英尺的房屋（由中庭楼梯连接）。最后，可以制作成四个单独的卧室，各层配备一个厨房/浴室核心功能区。

图12.6c 二层房屋地基平面图（一层房屋与前面设计的房屋类似）。

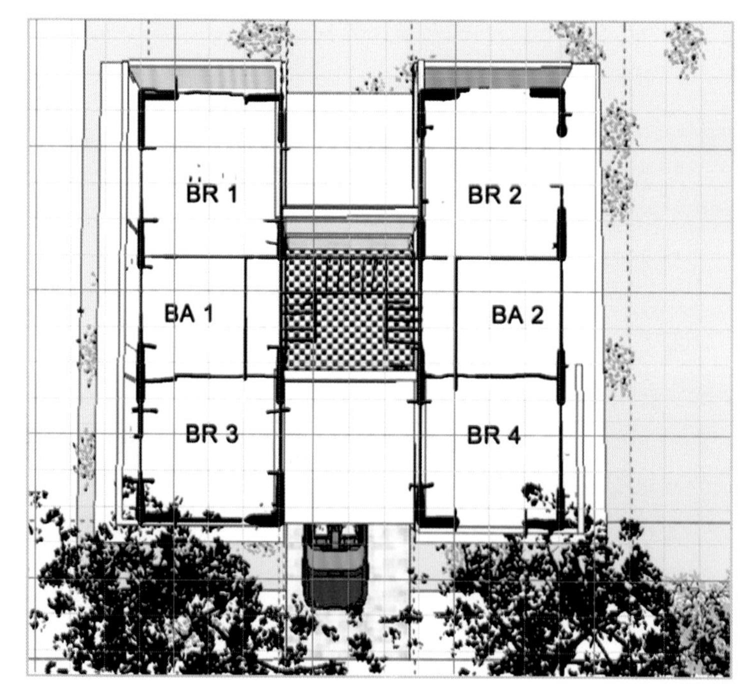

图12.6d 二楼布局草图。执行“View（视图）>Show Grid Line（参考线）”命令，打开参考线进行绘制。

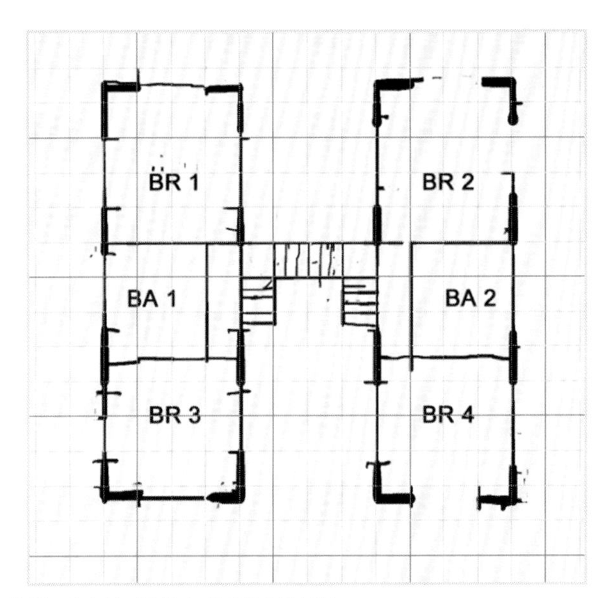

图12.6e 从SketchUp图像中分离出平面图。

图12.6f 隐藏了侧墙，以显示中庭中间区域的楼梯平面图。

图12.6g 在SketchUp模型中手绘楼梯草图。

图12.6h 在Photoshop中隐藏SketchUp图层，单独显示手绘草图。

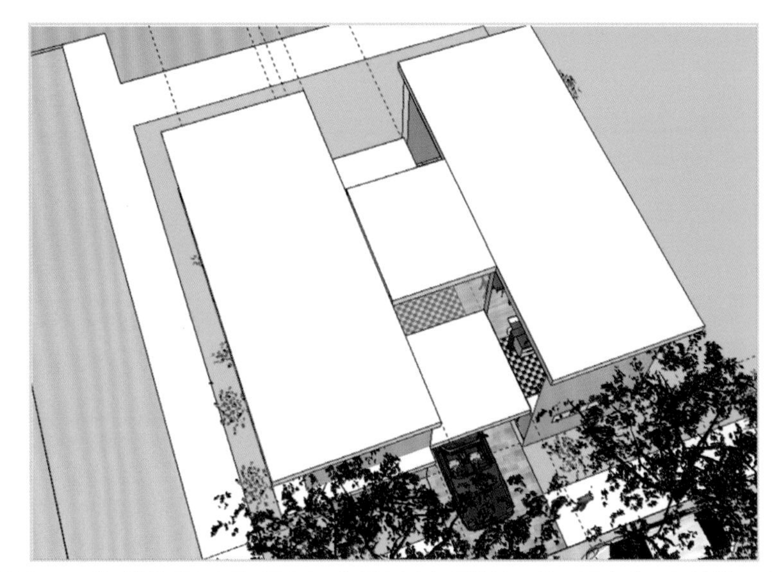

图12.6i 俯瞰视图显示屋顶平面。车棚和露台顶棚位于第一层高度，而楼梯和卧室屋顶位于第二层高度。

图12.6j 从街道进入房屋通道的俯瞰图，显示了玻璃窗立面。

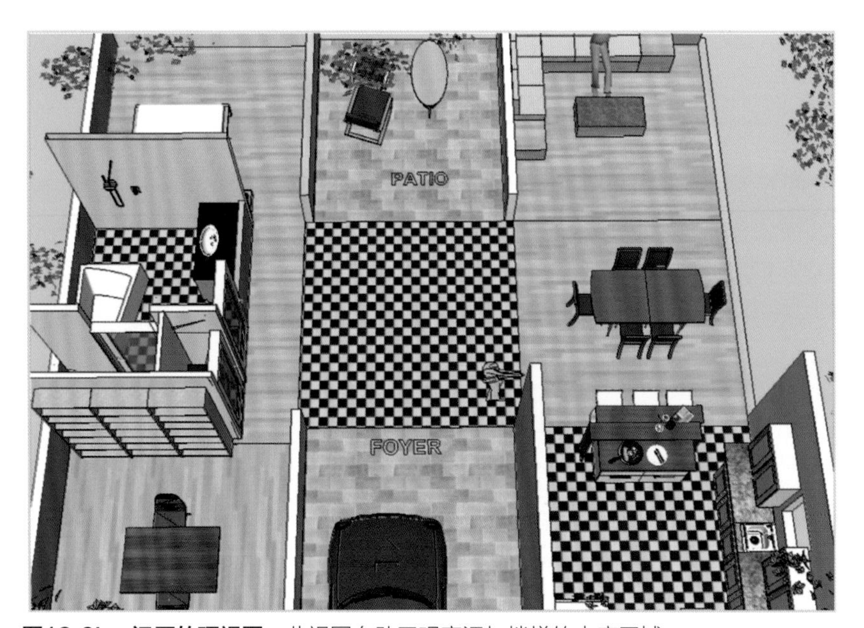

图12.6k 门厅的顶视图。此视图有助于观察添加楼梯的中庭区域。

图12.6l 在车棚上方楼梯入口处的视图，显示玻璃窗立面。

图12.6m 在门厅图层上方图层中绘制楼梯，顶视图。

图12.6n 主体模型，SketchUp中的前视图。

图12.6o 主体模型，街角视图。

半山或山顶景观房屋

某些场地能为我们提供罕见的观看遥远地平线全景的视角，山顶附近的房屋即可能有这样的机会。这种场地的应用有几种类型，具体取决于场地的大小。房屋可以略微弯曲，能看到全景。或者可以重复使用我们已经熟悉的房屋设计中的元素，并按照特定的视角调整其朝向。门厅可以拉伸和/或倾斜，以适应这个略微弯曲的空间。图6.7a至图6.7c中奥克兰山的山坡上的房子，显示了从下方街道上看到的弯曲房屋效果，图12.7显示了交错角度的房屋设计。

工具

- SketchUp概念设计
- 使用数位板在SketchUp模型上描摹手绘草图
- 景观组件
- Photoshop增强功能

图12.7 俯瞰平面图，以较宽视角显示了分离元素。

关键术语

平房：单户房屋，所有生活空间都集中于一层。可以添加地下室或阁楼以存储物品。以bangla或bangala命名，孟加拉的一种房屋类型。

X轴和Y轴：X轴通常指从左到右的轴，而Y轴指的是从图纸底部到顶部（真实的垂直轴通常为Z轴）。

草原风格：20世纪初至20世纪中期美国流行的一种家居风格，以水平线条和悬垂的屋顶为主要特征，且常与Frank Lloyd Wright有关。因与大草原的水平线相似而得名。

悬梁：穿过屋顶或露台的悬垂物，能够传导其支撑作用，周边无需使用立柱。

全景：一种非常广阔的视角，通常为全景景观。

沙盒：一套用于创建地形轮廓模型的工具，该工具可以保留在窗口中（参见本章艺术馆中Patrick Rosen的沙丘房屋）。

练习

1. 绘制一个狭窄的房屋，室内为大约12英尺宽，25英尺长的场地。围绕场地添加与建筑墙壁高度一致的庭院墙壁。尝试拉伸室内场地，创建出小型的私人花园。

2. 展示如何打开平房阁楼的楼梯，以提高空间利用率。使用天光和屋顶采光窗为阁楼添加光照效果。

3. 通过描摹应用了平顶的模型，展示出倾斜房顶效果。手绘或用数位板画出房顶。

4. 拍摄你喜欢的全景图，通过手绘的方式或直接导入软件，作为透过观景窗看到的景观。

艺术馆

以下是单户家具的特征：

- Pappageorge Haymes设计的私人住宅
- Patrick Rosen设计的沙丘屋
- Patrick Rosen设计的林肯公园附属建筑

Pappageorge Haymes建筑师设计的单户私人住宅

这套两层砖房位于颇受欢迎的芝加哥林肯公园社区德保罗地区。房屋拥有5000平方英尺的主层面积，其中包括一个超大的客厅/餐厅、化妆室、储藏室、厨房和大开间。由装饰钢、玻璃和木楼梯引导进入二楼，二楼设有两间浴室套房和一间主卧室。地下室包含一间大的娱乐室和卧室，以及一个前厅，从前厅可通往容纳两辆汽车的车库。室内厨房和浴室的装饰采用了宽橡木硬木地板和意大利橱柜。房屋外部设有顶部钢铁露台和车库上方的小花园，以及与二楼主卧分离的悬臂式阳台。

图G12.2 厨房线稿图。

图G12.3 添加纹理、家具和其他对象。

图G12.1 前视图。

图G12.4 添加灯光和对象。

图G12.5 光照效果和光泽。

图G12.6 着色。

图G12.7 在SketchUp中渲染完成的最终厨房效果。

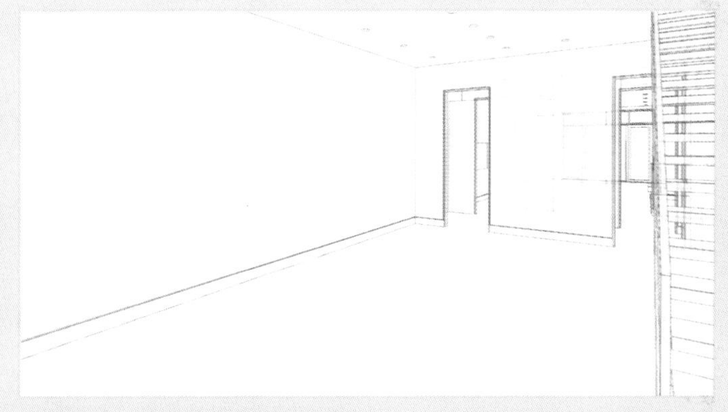

图G12.8 客厅/餐厅区域线稿图。

图G12.9 为地板应用照片纹理。

图G12.10 导入3D家具和其他对象。

图G12.11 将场景导入Maxwell工作室。

图G12.12 在SketchUp中添加灯光，最终渲染完成的场景效果。

图G12.13 浴室线稿图。

图G12.14 为地板和墙壁应用照片纹理。

图G12.15 导入3D设备和其他对象。

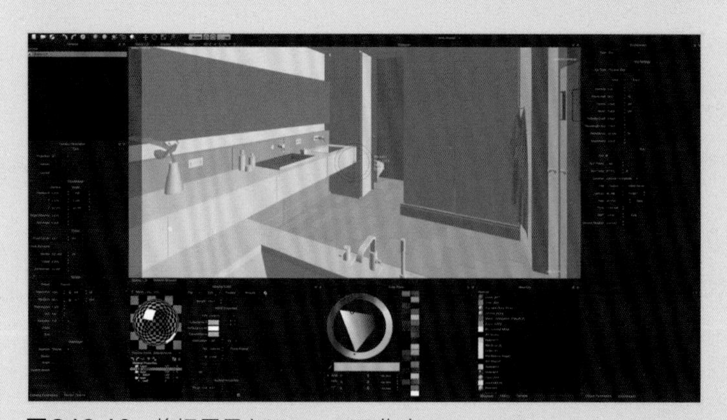

图G12.16 将场景导入Maxwell工作室。

图G12.17 添加灯光后渲染场景。

图12.18 在SketchUp中最终渲染效果。

Rosen建筑公司Patrick Rosen建筑师设计的印第安纳沙丘房

制作了雾的特效，能够柔化背景，让观众专注于房屋模型，增强环境纵深感。默认的视角角度为35°，你也可以拖动改为较夸张的视图。完成对象的建模后，将其导出到Photoshop中，在Photoshop中可以调整亮度、对比度和色彩饱和度。【提示：可以使用Sandbox（沙盒）工具创建沙丘模型。执行“Draw（绘图）>Sandbox（沙盒）>From Scratch（根据网格创建）”命令，拖动网格线形成10英尺方形区段。三击该区域，然后根据地形将该区域网格线上的点向上拖动至不同高度。】应用Soften Edges（柔化边缘）命令，并设置最大的柔化值。选择Soften Coplanar Option（柔化共面选项）删除所有碎片。树木图形是从Google Warehouse在线网站中下载的2D SketchUp模型。（提示：虽然2D树木模型是平面的，但只要将它们放置在地面上，并调整朝向观察者的方向即可。）2D树木甚至比3D树木效果更好，因为它们显得更加真实。3D树木会占用大量的内存，降低计算机处理模型的速度。（提示：若要修改沙丘模型，在使用移动工具的同时，按住键盘上向上或向下的方向键，这样可以保持在Z轴方向移动。）

图G12.19　前视图。在SketchUp初始模型上描摹绘制草图。

图G12.20　前视图。在SketchUp中渲染完成效果，添加了阴影、景观和地形。垂直反向板和压条板是从制造商（Certainteed）网站下载的，并用作SketchUp材质添加到房屋外表面。基本的墙壁材料采用了一种标准的SketchUp材质，并配上模板支撑标记和接头。

图G12.21　室内景观。将相机设置为24mm广角，这是观看小房间内部的很好的视角。

Patrick Rosen设计的林肯公园芝加哥大厦

渲染技术：使用与沙丘房相似的图形技术，只是本例是在城市环境中进行设计。为了让新房屋从相邻房屋中脱颖而出，我们使用了模型化的通用灰色块体表示现有房屋。邻近建筑物的占地面积是根据谷歌地图的图像完成的。使用场地照片设置模型图像的高度。你也可以使用谷歌地图的街景视图进行比较。

图12.22 Patrick Rosen设计的林肯公园芝加哥大厦。

CHAPTER 13

多户家庭家居设计

目标

- 了解并熟悉多种家庭家居类型，包括联排房屋、公寓和混合用途建筑。
- 了解场地出入问题和入口顺序，从建筑物入口到电梯厅，再到走廊，最后到公寓/联排别墅的入口。
- 了解为何有的公寓狭窄，而有的公寓很宽阔，以及每种类型的优点和缺点是什么。
- 了解如何对比多户住房和前面研究的单户房屋，以及如何设计这两种类型房屋。
- 了解这些住宅类型设计中，综合使用手绘草图和数字图像的新图形技术。
- 设计一个大约425平方英尺的一室住宅单元，使用新的应用程序，iPad中的Home Design 3D（3D家居设计）。
- 了解如何使用SketchUp工具构建楼梯。

概述

这些房屋类型的主要区别是什么？什么是比较密度？本章将介绍如何使用手绘草图和SketchUp完成从概念设计到创建模型的过程，然后使用Photoshop进行整理，以展示多户住房类型及其在社区中的位置。我们还将探索多户住宅的设计原理以及绘图技术。

联排别墅

这套联排别墅是基于平房平面图设计的，适用于25英尺到37.5英尺宽的场地。将三座别墅群组在一起，可以适用75英尺的地段。这样可以在后院（通道）安置车库，每个车库能够容纳两辆车。

掌握联排别墅设计的关键在于楼梯的形状和设置的位置。在SketchUp中，我们可以创建几种不同类型的楼梯：直行楼梯、转角楼梯和之形楼梯（参见图13.3a至图13.3d）。我们可以在SketchUp中启用平面图中的参考线，以显示楼梯宽度和阶梯，便于我们轻松创建这些楼梯。然后根据楼梯的高度，垂直绘制参考线。（提示：我们选择为联排别墅构建之形楼梯。创建一个半层楼梯和楼梯平台的组合。通过复制并抬高楼梯组合，旋转楼梯方向，形成上半段楼梯，然后将两段楼梯群组。我们将楼梯放置在入口附近，是放置在附近，而不是放置在入口处，给门厅和外套壁橱提供足够空间。）

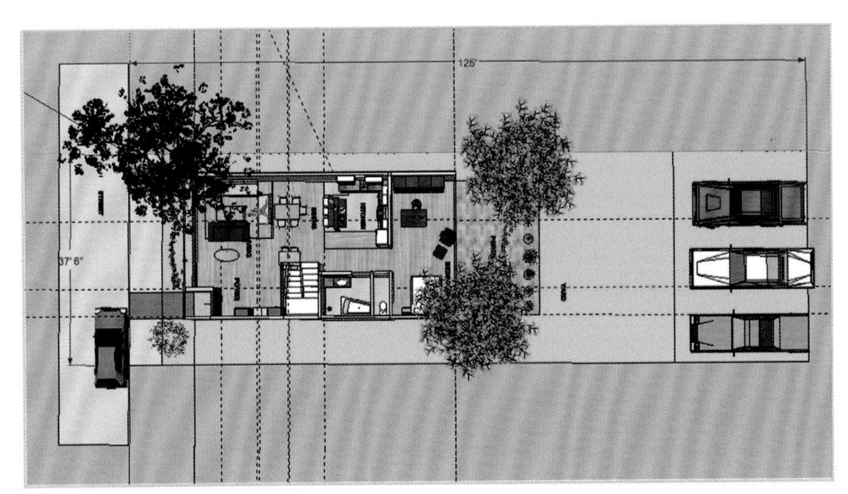

图13.1 场地规划。使用SketchUp将一层平房转成两层联排别墅。

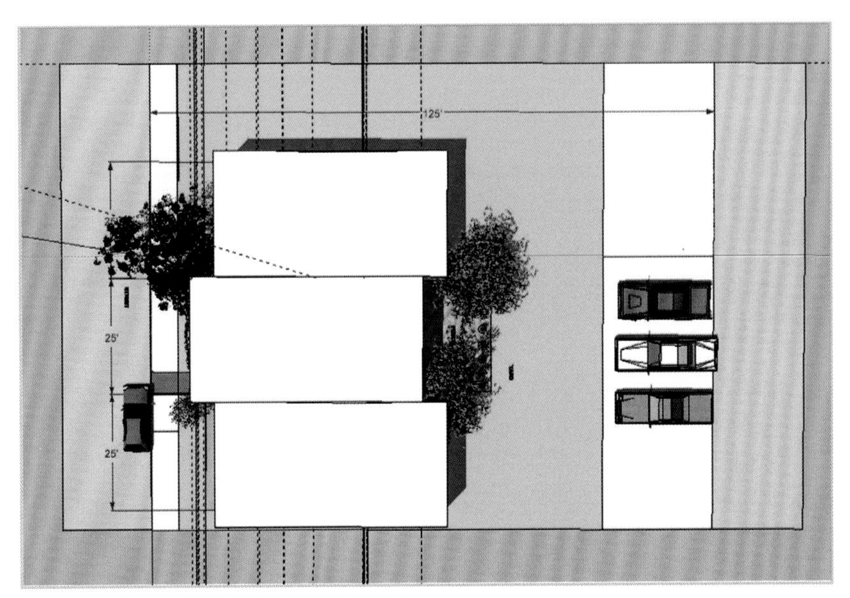

图13.2 前后交错的联排别墅场地规划。

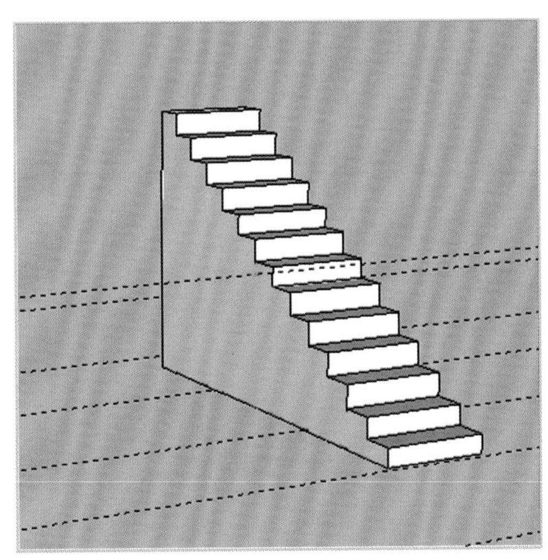

图13.3a 在联排别墅设计中，楼梯的创建至关重要。楼梯应该放在不会干扰主房间的位置，且方便进入，并且通往二层的中央区域。这里展示三个示例，从直行楼梯开始。

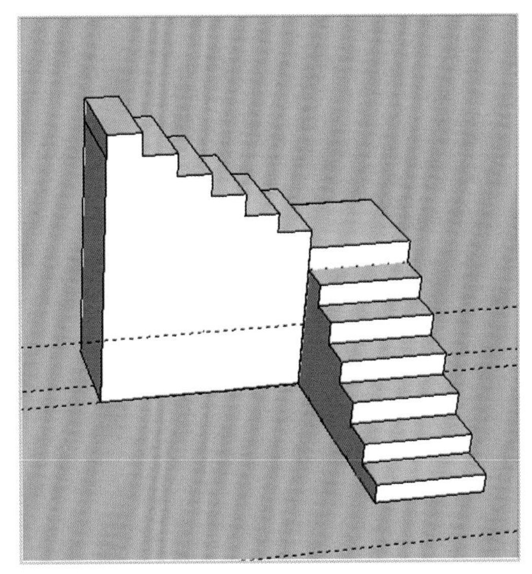

图13.3b 转角楼梯。

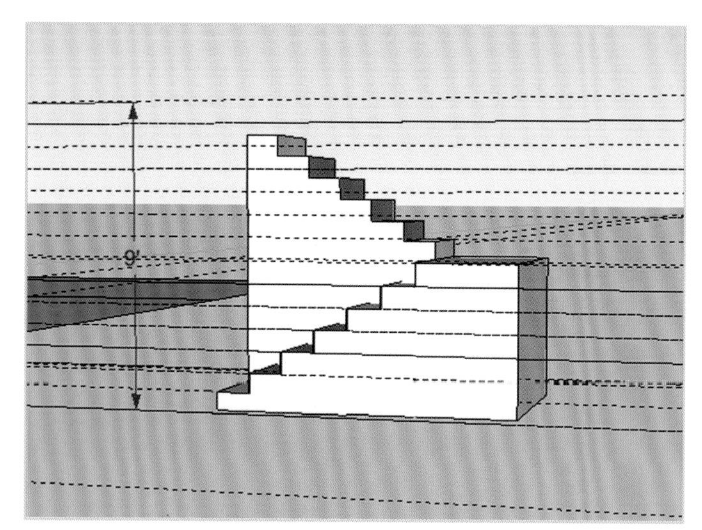

图13.3c　之形楼梯。使用参考线，为楼层高度为9英尺的房屋设置楼梯台阶高度和数量。制作半层楼梯，然后进行群组和复制，并翻转楼梯方向。最后，增加一个楼梯平台。

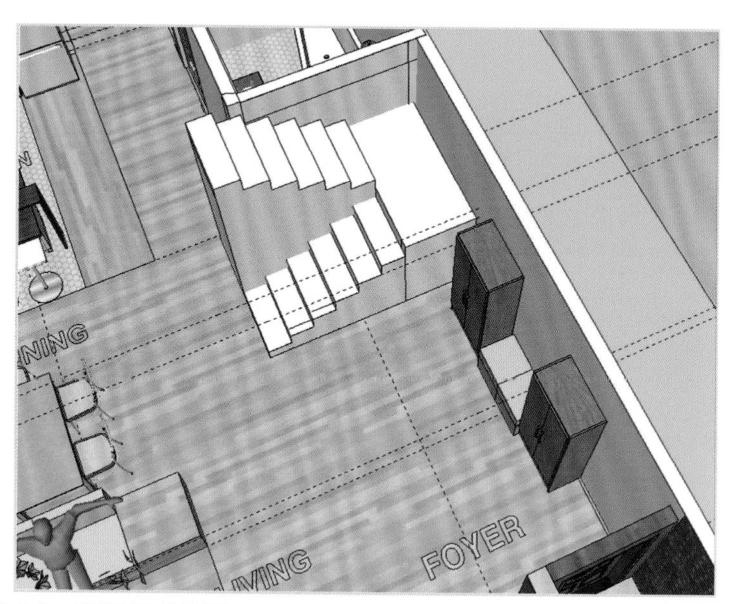

图13.3d　联排别墅的楼梯视图。我们为联排别墅选择了之形楼梯。

将一层平面图截图保存，并在Photoshop中打开。现在我们将为二楼创建一个矩形，然后将矩形图层不透明度调低至约20%至30%，这样我们可以看到一楼空间（参见图13.4a）。单独切割出楼梯区域，以清晰显示。使用一楼的房间平面图确定二楼的房间布局，特别是在本例中的可堆叠管道。然后，可以关闭显示一楼图层，这样可以清晰看到二楼的平面图。还可以添加注释和尺寸标注。

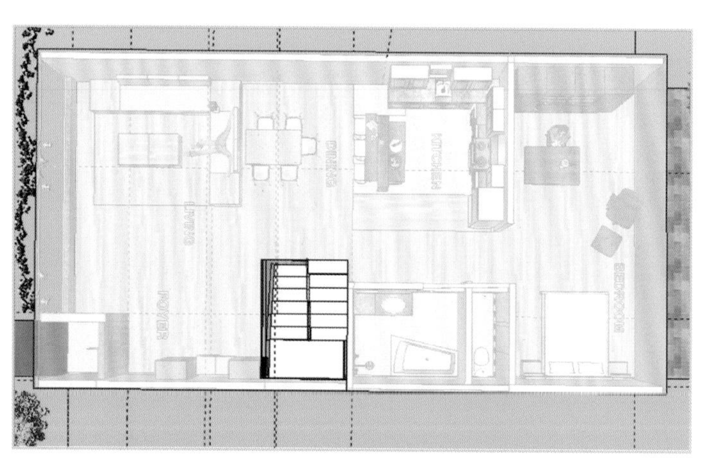

图13.4a　将二楼图层不透明度降低，这样能够参照一楼的平面图进行描摹。在单独的Photoshop图层中进行描摹。

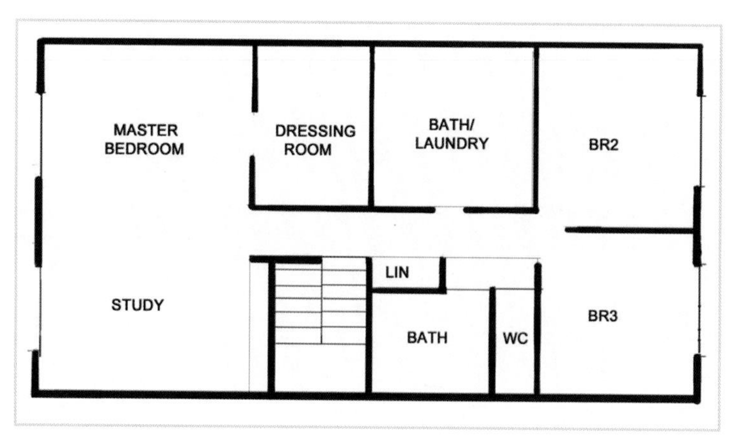

图13.4b　二楼平面图。在Photoshop中，在平面图下方添加一层白色填充图层，并关闭显示一楼图层。

图13.5 三套联排别墅的立面。相邻的两座别墅仅以灰色显示主体空间。

图13.6 单套别墅的立面。

我们现在把注意力转向立面图。渲染中间这套联排别墅作为图像的焦点，同时保留两套别墅为灰色，并添加汽车、景观和精致的前门组件。放置一个正在进入房屋的人物背影图像【提示：可以从组件面板中搜索people from behind（人物背景），也可以添加一个man walking a dog（遛狗的男人）组件】。

将中间的联排别墅放置在另外两套别墅前方4英尺处，添加街景纹理（参见图13.2）。现在展示不同角度的街景视图，打开View（视图）> Shadow（阴影）（参见图13.7至图13.10）。为之后的展示截取一些截图。

图13.7 从街道观看联排别墅的前视图。

图13.8 俯瞰图。

图13.9 添加了阴影和人物图像的前入口和街景效果。

图13.10 街景视图。

狭长公寓

由于场地规划和经济相关的原因，有些公寓的占地面积比较狭长。这可能会导致一些楼层规划的窗户无法满足房间的需求。一些较老的公寓楼，比如六楼公寓，在公寓楼中间而不是后侧设有楼梯，这就使得整幢公寓的后方和前方具有开放视野。

你可以在后面增加一间卧室或书房，这种布局利于通风。使用数位板在原始平面图上进行素描。这一次，使用白色进行绘制，为草图创建黑色的背景。

在SketchUp中，将以前保存的厨房和浴室组件复制并粘贴到新的位置。从这步开始，我们将研究狭长公寓的不同视图。

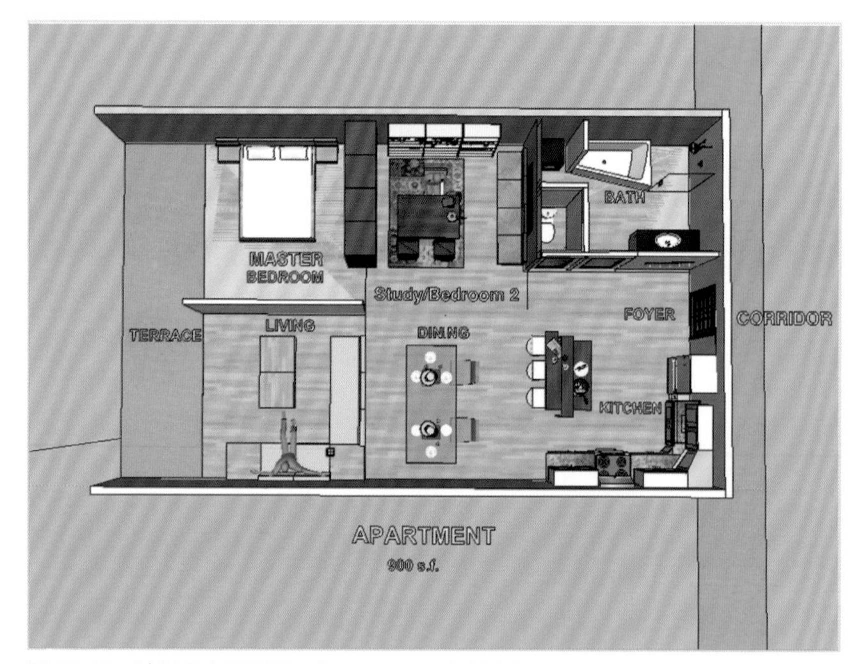

图13.11 狭长公寓平面图。在SketchUp中制作的平面图。场地比较狭窄，往往会形成狭长的平面。这适合于带走廊的建筑物。

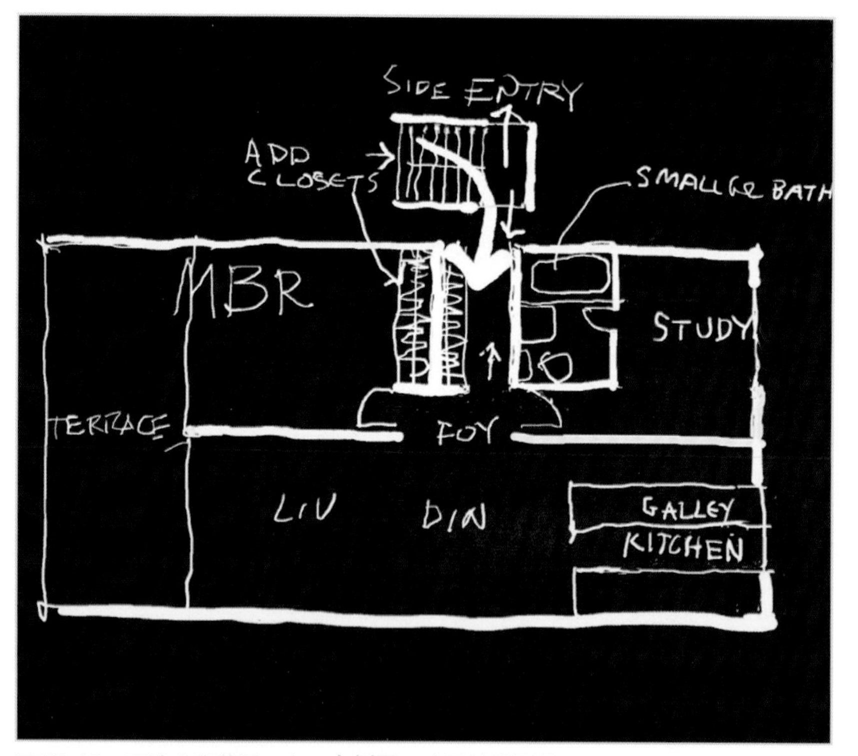

图13.12 可选方案草图，入口在侧面。（反转绘图颜色，采用黑色背景，使用白色绘制草图）这张草图是在Photoshop中导入的SketchUp平面图上方的新图层中绘制的，绘制时隐藏了原始图层。草图展示了侧边入口的优点，可以在前后房间开窗。这适用于很多空间较小、带有走廊过道的公寓楼。

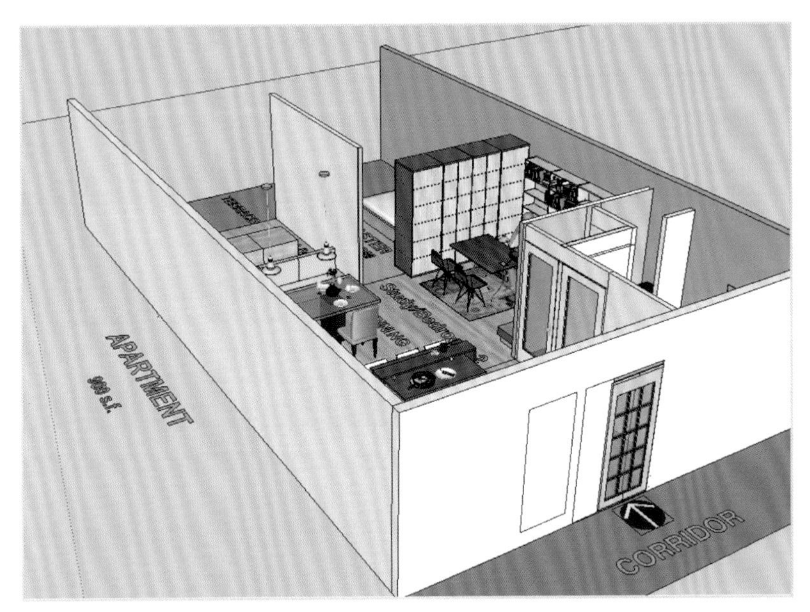

图13.13a 入口处的俯瞰图。

图13.13b 厨房的俯瞰特写图。

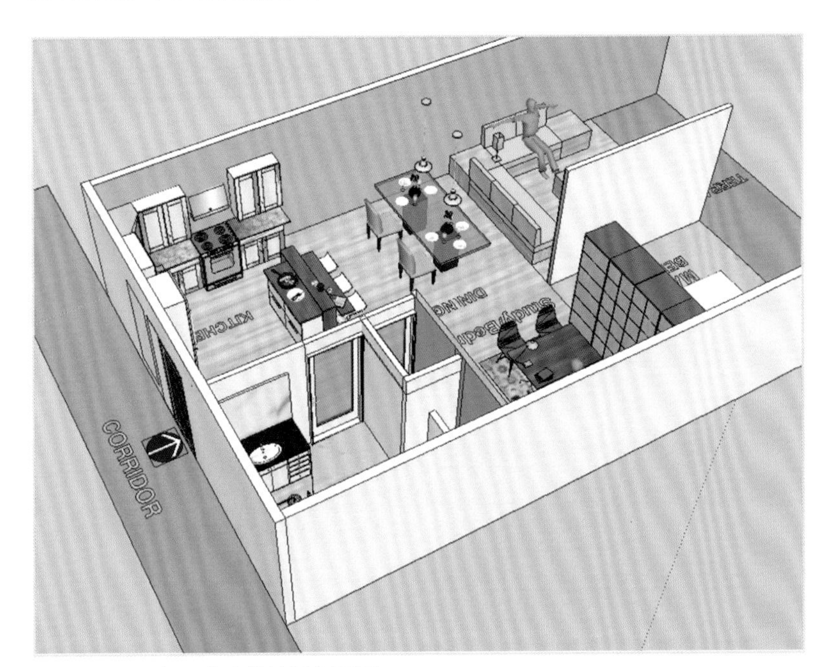

图13.13c 入口走廊的俯瞰剖面图。

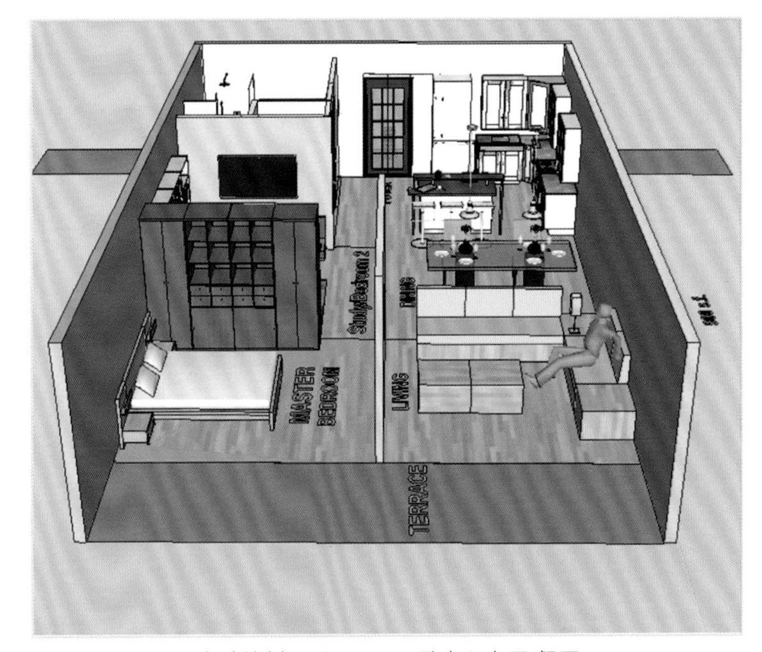

图13.13d 正面台阶处剖面图，显示了卧室和客厅/餐厅。

宽阔公寓

这种类型的公寓通常位于带有走廊和电梯的中高建筑物中，当然，也可以设计为三层带楼梯的公寓，无需配套电梯。

设计师可以在30英尺的网格上设计出各种类型的公寓。在平面图中放置一个工作室、一间单床卧室和一张双床卧室，如图13.15所示。然后为两间卧室导入喜欢的组件。分割平面图，将两个卧室/浴室套间与中央大开间分离开来，以家庭成员区域的分离，或是混合家庭区域的分隔为设想。大开间可以用于较多成员的活动，比如做饭、吃饭、看电视。在整座公寓前面还配有户外露台，相邻单元的露台由翼墙分隔开形成隐私空间，并在立面图中向后收缩，以防雨和防晒。这样增加了露台在各个季节的实用性。

两间卧室套房的浴室有所不同。一间卧室拥有大浴缸和独立卫生间，这间卧室设有一张书桌、一个衣柜和一个书柜。而第二间卧室，设想由两名学生使用，其中包括浴室和淋浴间，以及洗衣机/烘干机组件，以及一个独立的卫生间。房间中床边有一盏床头灯和一个床头柜。使用Photoshop中的Filter（滤镜）>Render（渲染）>Lighting Effects（光照效果）滤镜添加微妙的光照效果。另外，还要添加两个书桌、椅子、灯具，以及一个衣柜和一个书柜。

这套公寓组合了工作室、一间单床卧室和一间双床卧室，开发商可以根据买家或租赁市场的需要，对同类公寓进行任意数量的组合。

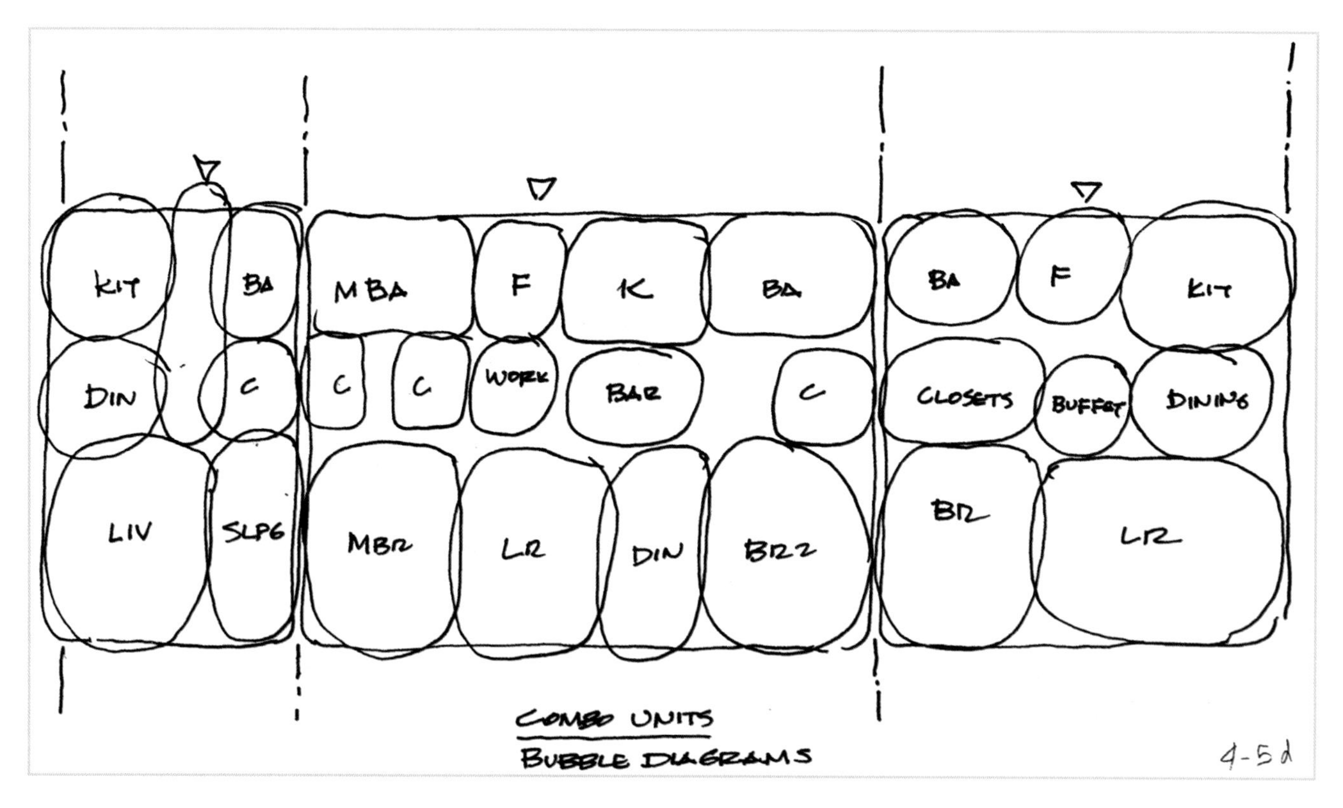

图13.14 公寓汽泡图。

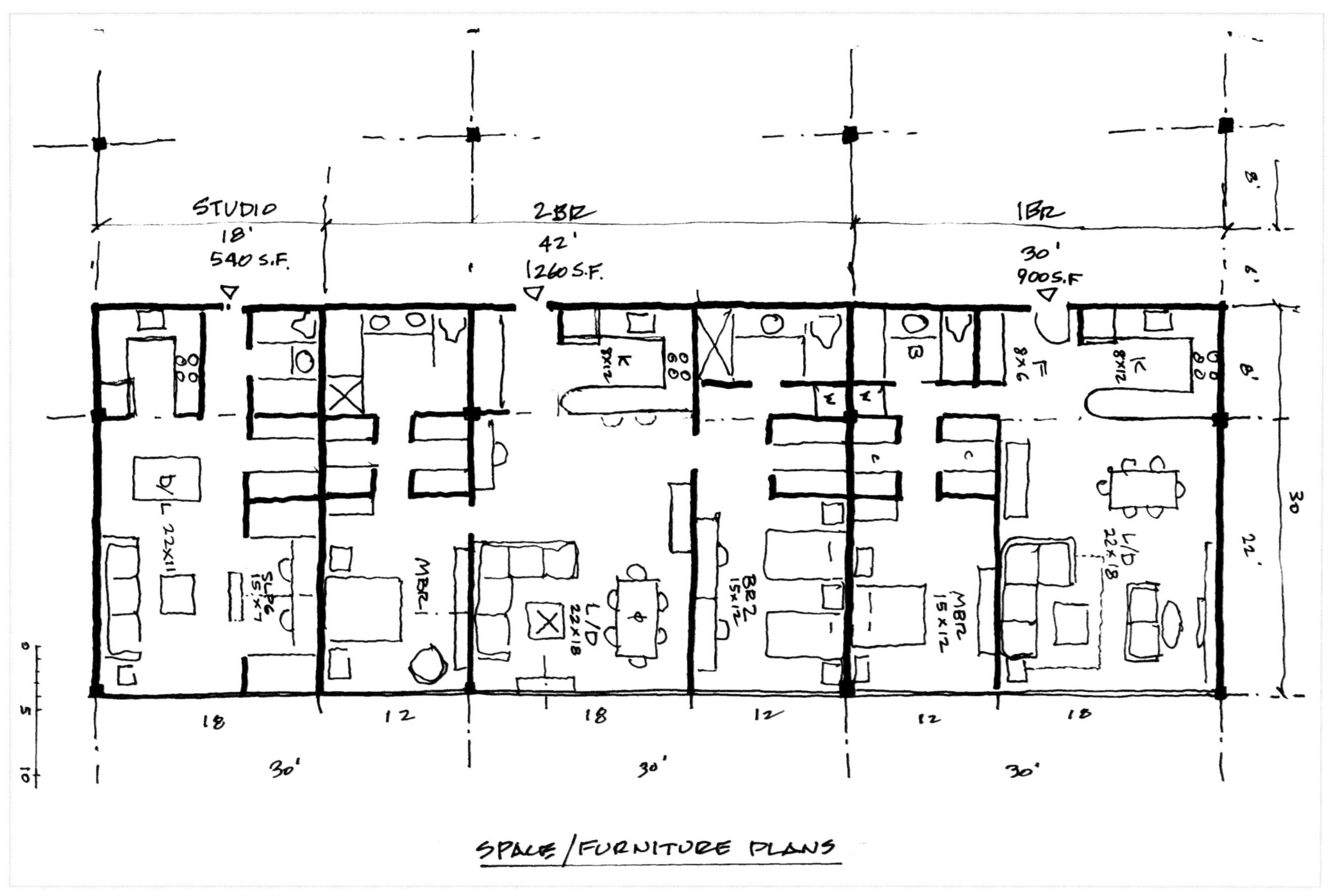

图13.15 公寓平面、空间和家具草图。这些手绘草图是开发商规划图的一部分，要规划出足够的空间用于建筑。宽阔的前景能形成更佳的光照条件和景观视角。

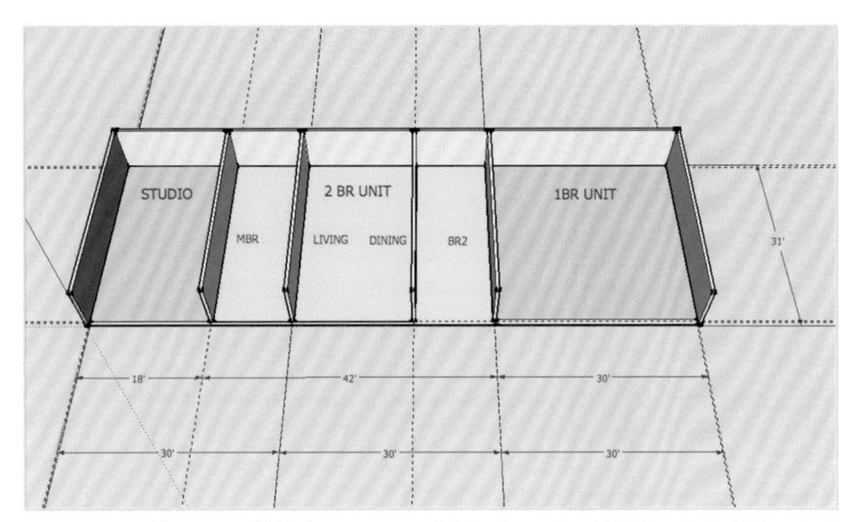

图13.16a 将图13.15转换为SketchUp草图。在30英尺的结构网格上创建三座公寓。公寓中包含一间工作室、一间单床卧室和一间双床卧室。

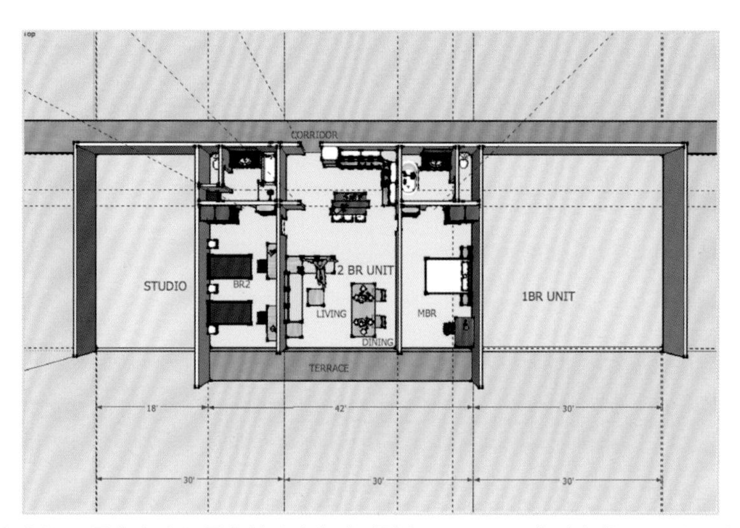

图13.16b 具有走廊和露台的公寓组合/规划。显示了双床卧室的平面图。卧室与独立的客厅隔离开。

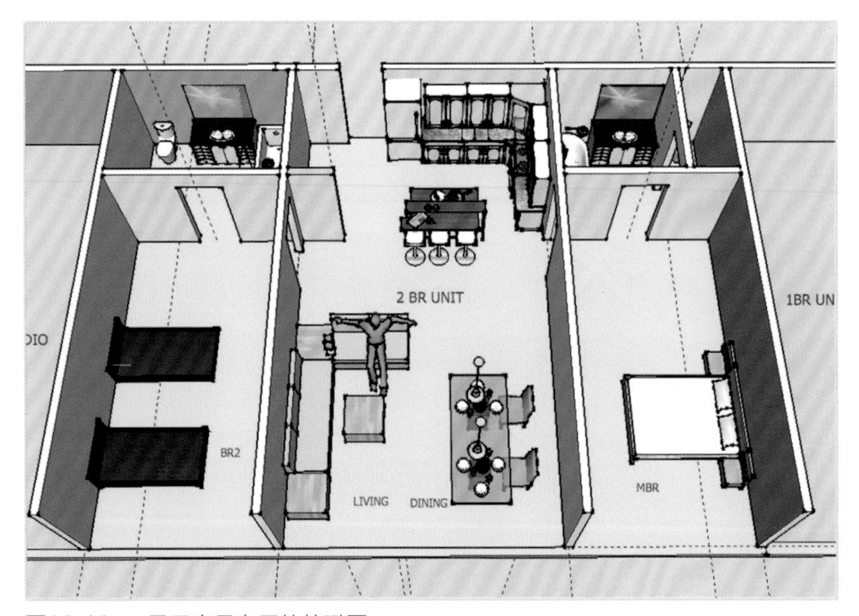

图13.16c 显示家具布局的俯瞰图。

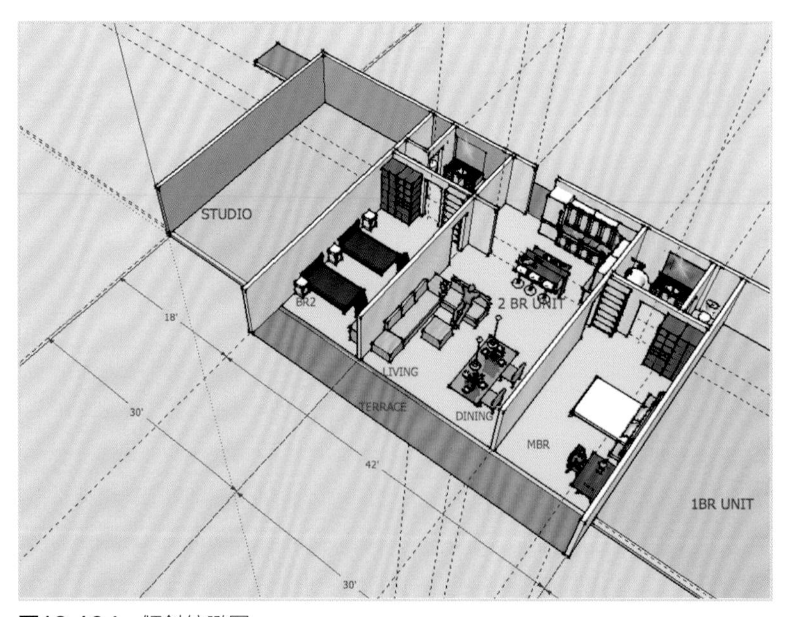

图13.16d 倾斜俯瞰图。

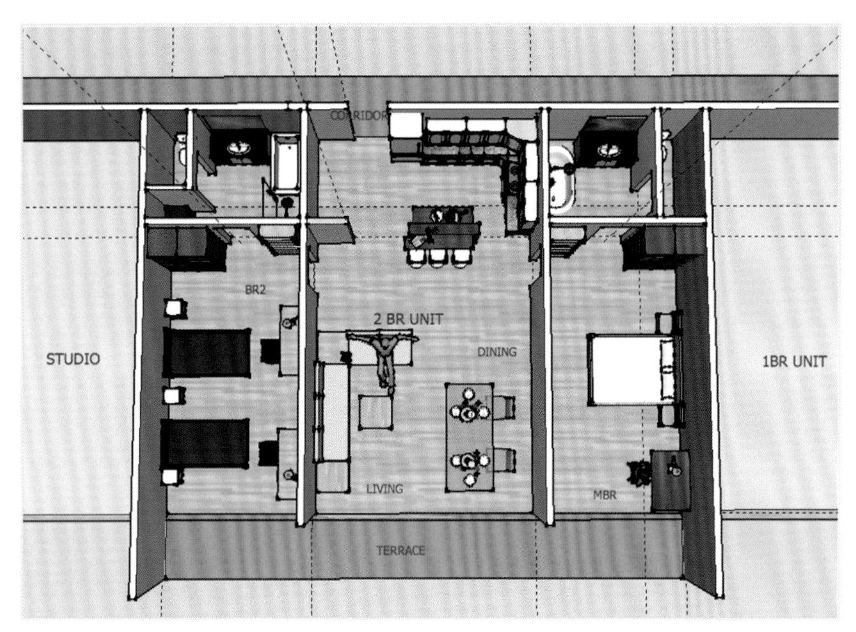

图13.17a 应用木质地板渲染后的地板平面。

图13.17b **主卧视图。**其中的家具包括大型衣柜、书架和桌椅。

图13.17c 客厅/餐厅/厨房视图。

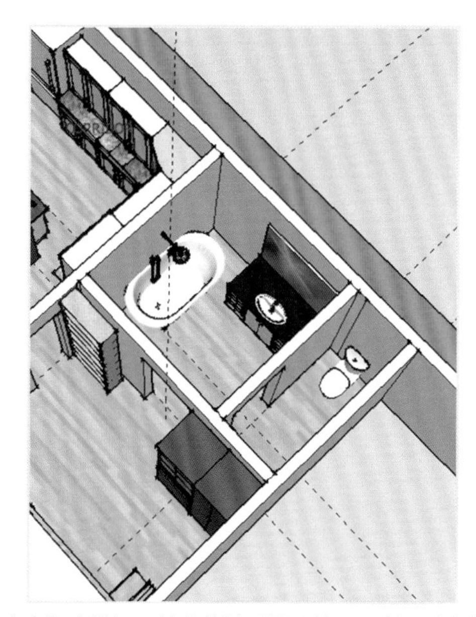

图13.17d 主浴室中包含浴缸、较大的洗手间和镜子，以及独立的卫生间。

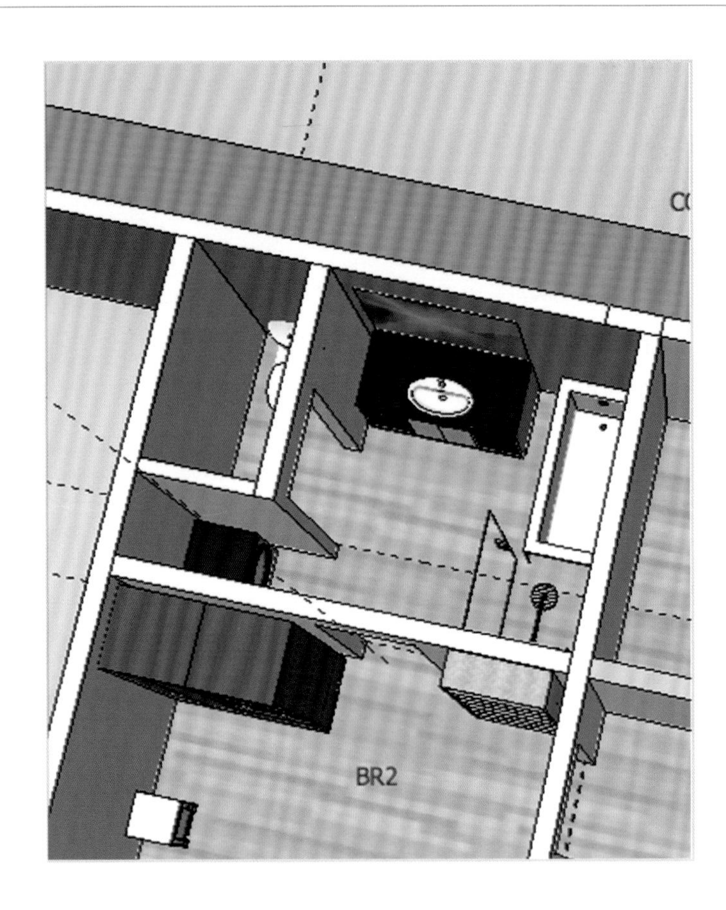

图13.17e 第二间浴室中包含洗衣机空间、独立的卫生间和独立的淋浴空间。

图13.17f 第二间卧室，也就是由两位学生共享的卧室，其中包含两张桌子、书架和床头柜。

巴黎公寓

这套公寓是基于更紧密的空间要求和更小的空间结构设计而成。历史上，每套这种公寓单元的一端都有一个大的法式窗户。房间宽约10英尺，而不是我们之前设计的12英尺。这幅平面图是我们使用iPad的应用程序Home Design 3D（3D家居设计）绘制的。它的使用方法比SketchUp简单得多，但是遵循的设计原则相同。相比于SketchUp，Home Design 3D中组件的数量有限。

这个项目的客户是一对法国大学历史教授夫妇，他们每年在巴黎居住三至六个月进行研究。每个人都需要一个私人工作区，工作区之间有一扇门。办公室中的家具包括桌子、椅子、灯、书柜和物品柜。床的两边各有一个梳妆台，以及一个阅读灯。一个步入式衣柜（有两个挂钩用于悬挂衣服）通向独立的卫生间/浴室。卫生间是独立的，且可以通过客厅附近的门进入。

在门厅里，有一个大衣柜和三个书柜。公寓中包含一个紧凑型厨房、一个可以容纳四人舒适就餐的餐桌，还有一个小型沙发。只要可行，他们还想有一个露台。

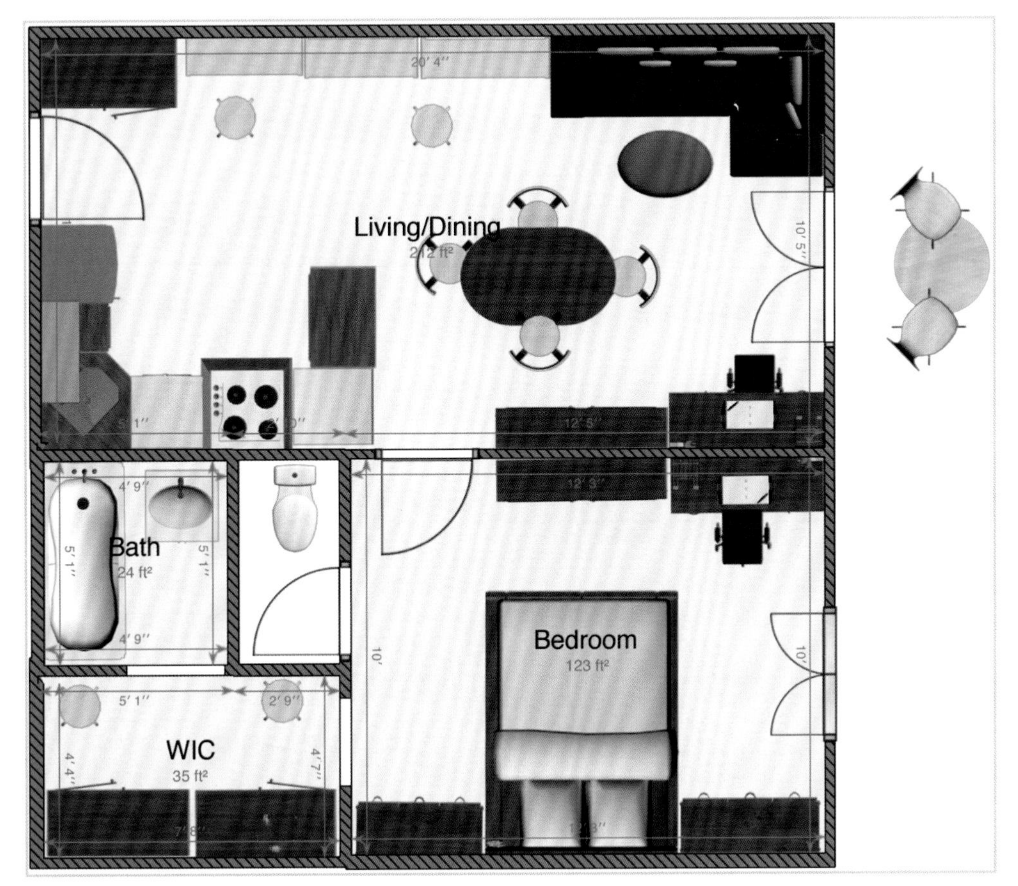

图13.18 使用iPad应用程序Home Design 3D制作的平面图。这款应用程序与SketchUp相似，但使用起来更简单。巴黎是一座房地产市场非常紧俏的城市，所以这里的公寓也比其他地方的公寓小一些。设计这样一套供两人使用的一室公寓确实是一种挑战。另外，将卫生间与浴室和洗手间分开，可提供隐私空间。每人有自己的衣架、书架和工作台。

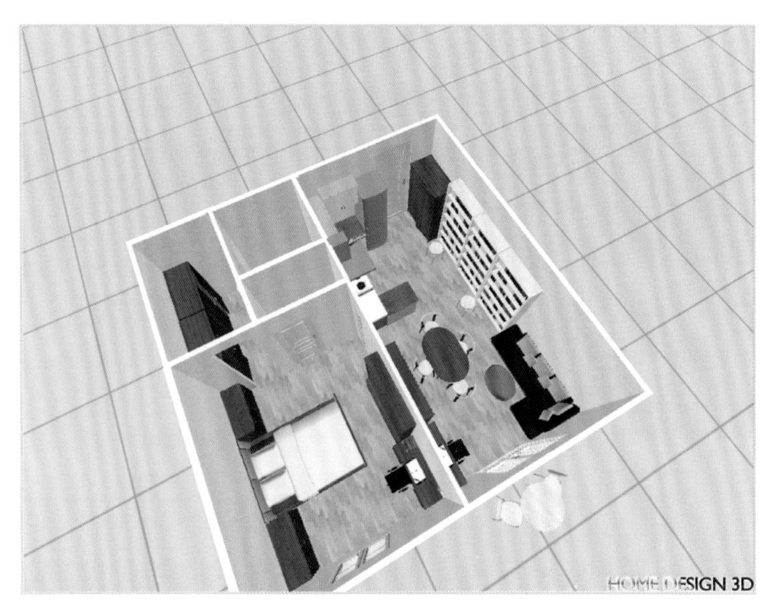

图13.19a 卧室/客厅俯瞰图，屋顶已被隐藏。

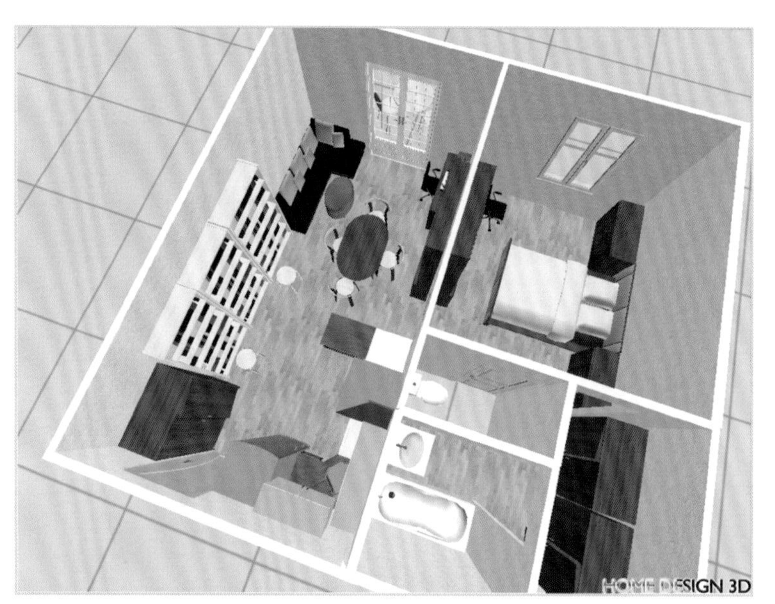

图13.19b 大开间的俯瞰图，显示了卧室和浴室。

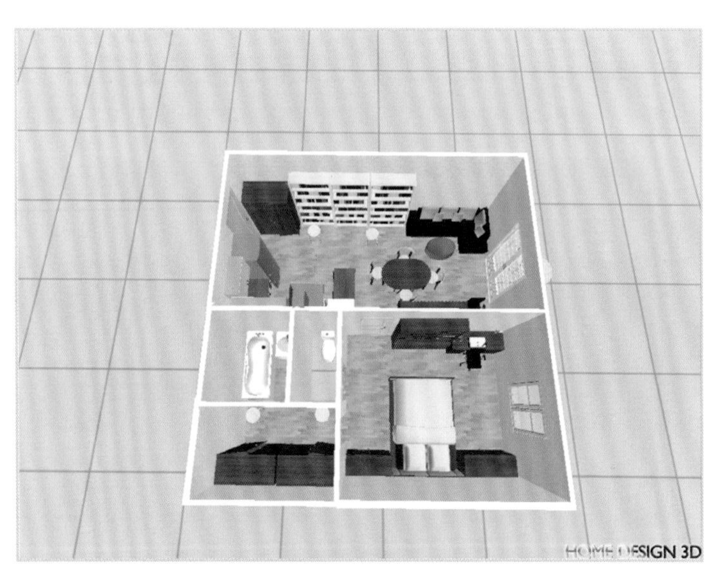

图13.19c 卧室和浴室套间俯瞰图。展示了分离的浴室、独立衣柜和独立的办公区域如何为两人提供隐私空间。

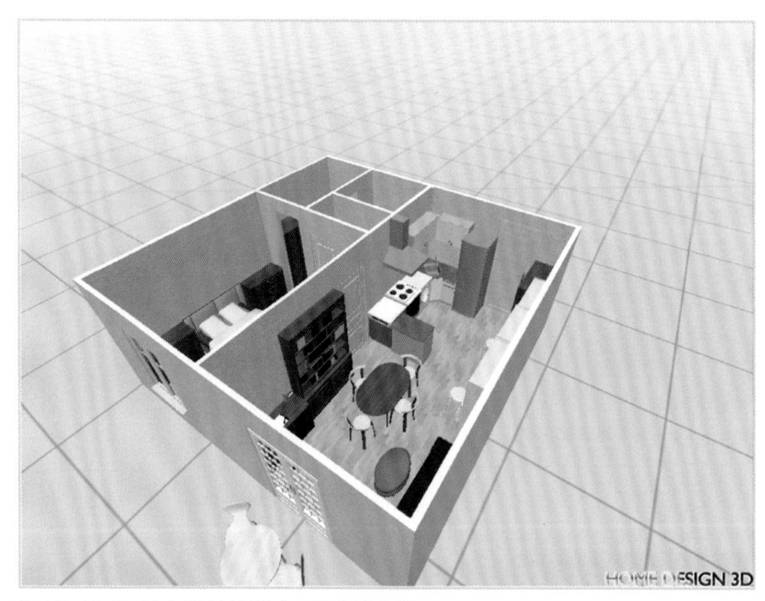

图13.19d 从台阶处俯瞰大开间的视图。

多用途建筑：可持续建筑类型

多用途建筑为城市的可持续发展提供了最好的结构类型，特别是在密度较高、公共交通枢纽附近的区域。六层建筑的密度约为92套住所每英亩。选择这种建筑高度和密度的原因有如下几个：可以避免很多高层建筑的缺陷，比如阴影、大风、高强度的停车要求，以及楼宇之间需要更多空间以保证光线和空气。从技术上来说，这种建筑物的高度对电梯的需求要比高层建筑的需求低。但是，最重要的原因或许是周边环境的占地面积。回到巴黎公寓的示例中，六层建筑设计能很好地安置低层周边环境。这虽然不是主要因素，但能提供很好的邻里环境。这种良好的环境所提供的服务对大家每个人都有益。这种住宅密度有益于附近商店的销售市场，既能鼓励零售商在这里定居，又能鼓励人们到附近商业街散步，还能创造更加安全的环境。住在附近的人越多，他们会在此处日常购物，这样他们开车到远处购物的可能性就越小，这将大大减少空气污染和行车事故的可能性。

然而，随着密度和交通量的增加，一些问题也是不可避免的，还有待缓解。街边栽种植物，可以帮助消除汽车的噪声。户外空间的需求，可以通过户外露台来改善。公共交通要使用更安静的技术，比如使用橡胶轮胎降低噪音水平。咖啡馆和酒吧可以位于用作商务办公的建筑附近，而不是住宅建筑的附近，这样居民不会在晚上被噪音所扰。而对于那些坚决不要住在商业街的人来说，可以居住在公寓楼另一侧不靠商业街的一边。

通往主街道的通道通常为10英尺宽（参见图13.20和图14.7），足够宽敞，可以满足行人通行需要，也可以容纳咖啡馆和街边商店的通行需要。在中心区域，可以提供轻轨交通的轨道和平台，或者有轨电车系统。有时候不得不为社区公共服务做一些利弊权衡，比如在街道上设置自行车道，将会占用部分行车路线，而要提供永久性的停车位，则无法在主街道上提供，而只能在建筑内部或后方提供。

应当以露台形式在建筑物正面提供户外空间。在露台上种植一些植物也可以帮助改善噪音困扰，或者将住宅公寓安排在较高楼层，这样也能避免噪音。

影响多用途建筑发展的因素包括以下几点：

- 道路的尺寸。无论是主街道还是小通道，都需要确定建筑距离街道的距离，以保护公寓免受噪音污染。
- 日常购物的便利性。
- 公共交通的便利性。公共交通的便利性会影响邻里的步行意愿和生活便利，便利的公共交通，可以减少日常汽车的使用，特别是短途旅行。
- 停车位。如果住宅密度很高，又没有公共交通工具，则需要提供停车位。停车位设置在建筑物内部还是在单独的建筑物内，还有待考虑。

- 娱乐。附近有没有足够的24/7（一周7天，每天24小时），或者至少18/7的娱乐场所？人们晚上出去活动，能够有力增强社区的安全感。

SketchUp为城市级别的设计提供了许多好的组件，包括轻轨车、树木、路灯、咖啡馆、家具、人物和汽车等。【提示：记住要打开View（视图）>Shadow（阴影），以查看一天中不同时间模型的阴影效果。查看你最喜欢的早餐咖啡厅早上是否有阳光照射？另外，可以使用Filter（滤镜）>Render（渲染）>Lighting Effects（光照效果）来展示路灯对建筑物或夜间街景的影响。】

本章还展示了巴黎其他一些六层多用途建筑示例。其中一个示例中显示了通过街边市场进入建筑物的视图。

要想完成内部设计规划，还需要回答如下几个问题：

- 工作场所。社区规划是否同时容纳了生活和工作区域，两个区域间的步行距离是多少，或者采取短途通勤和其他形式连接？
- 家庭办公室。如果居民在家办公，则需要规划出不会影响居民个人生活的独立空间。
- 适宜步行。如果社区适宜步行，即日常通行距离在步行10分钟以内，居民的停车需求将会减少，且一般不会需要第二辆车。
- 购物。日常食品商店尤其要位于社区附近。很多新鲜食品易腐烂，水果和蔬菜应该当日售完。购物方便，这将成为一种乐趣，而不是一件杂事。
- 存储。日常购物越方便，居民就越不需要将物品存储在家中。
- 门厅。如果门厅直接向公共街道开放，那就需要规划其安全性，以及考虑气候的影响，比如关闭入口或增设前厅。如果公寓走廊向外开放，则门厅不需要太多的空间。
- 视图。如果某个方向的视野畅通无阻，则可以围绕这个视野规划整个家居。如果室外景观较近，或街道较狭窄，则会对隐私有更高的要求，这将影响窗户遮挡以及房间布局和室内照明。

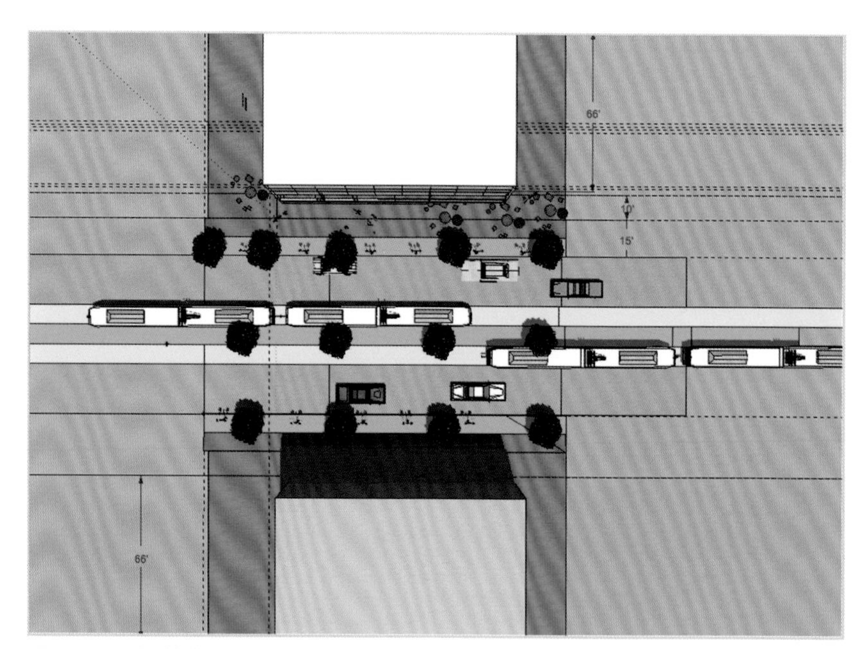

图13.20 场地整体。多用途的商业和住宅建筑位于主商业街，有轨电车位于中心区域。使用SketchUp设置场地规划。

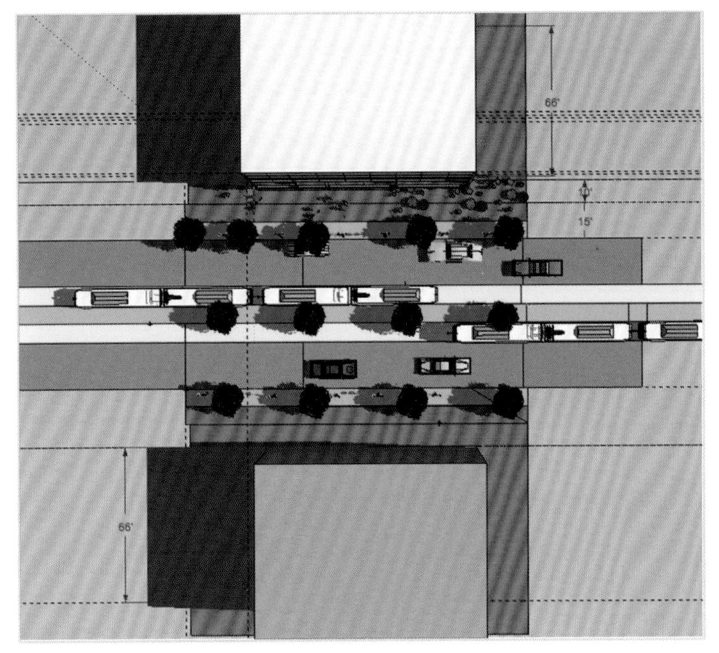

图13.21 场地平面图特写。

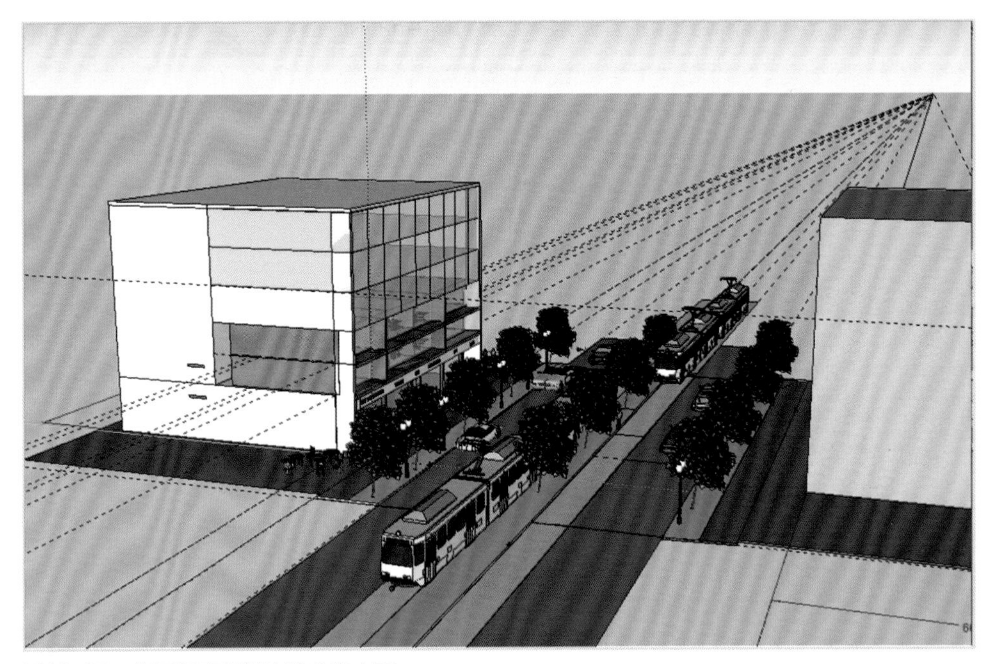

图13.22 从远距离倾斜俯瞰公寓立面。

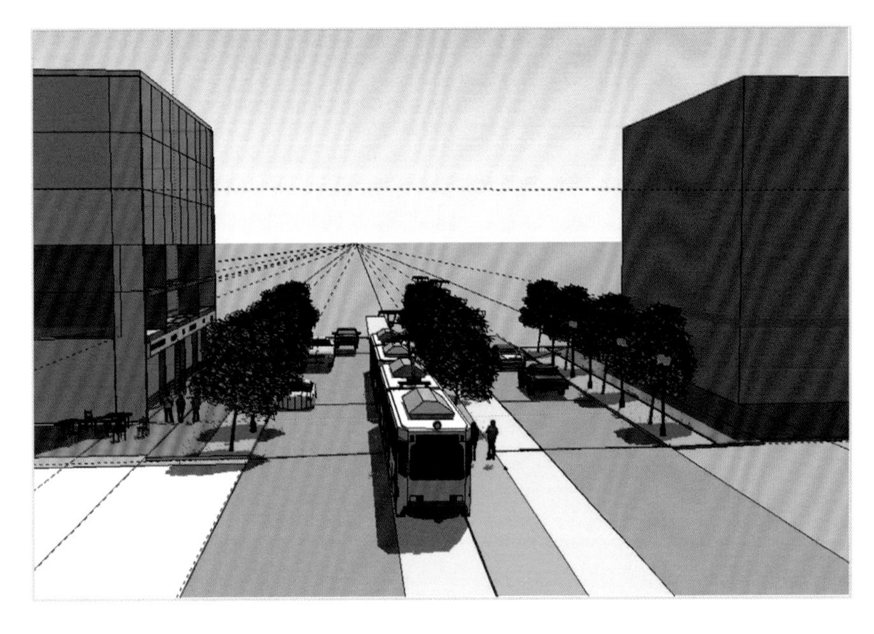

图13.23 中心区域有轨电车俯瞰视图。

图13.24a 显示街景的倾斜俯瞰视图。

图13.24b 街景、有轨电车和附近商店的距离俯瞰视图，开启了阴影。

图13.24c 有轨电车和街景俯瞰图特写。

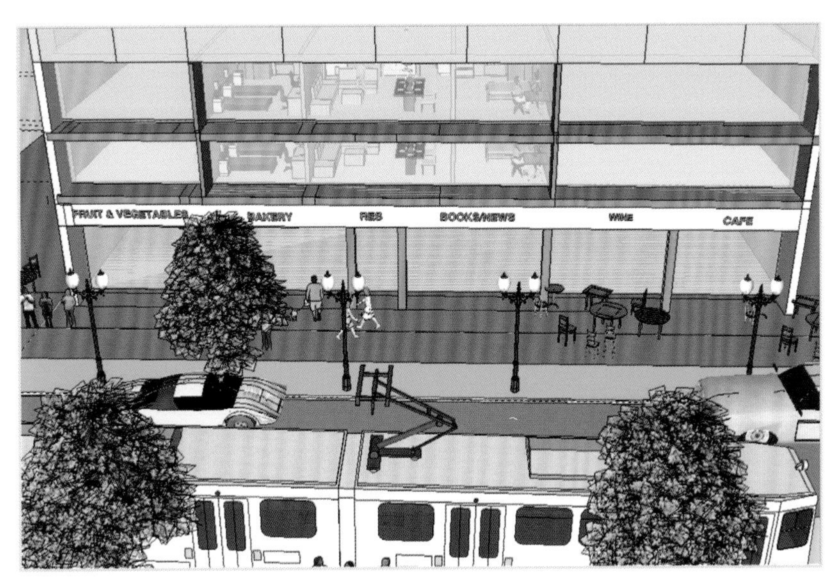

图13.25 有轨电车位于正前方的立面图。

图13.26a 在街道上方添加阳台和路灯后的商业/住宅建筑。

图13.26b 在街道上方添加阳台后的商业/住宅建筑。在Photoshop中为路灯添加光照效果，参见图6.11e和图6.11f中介绍的方法。

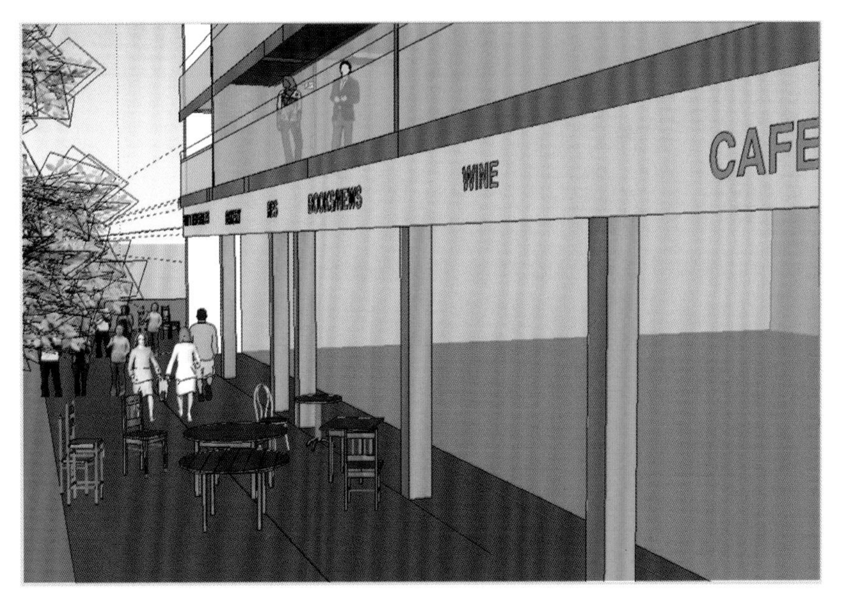

图13.26c 在SketchUp中制作的街景。

图13.26e 阳台、店面、人行道和路灯的俯瞰图特写。

图13.26d 手绘版街景，显示了更多的细节。在SketchUp模型上追踪描边。使用马克笔和彩色铅笔进行着色渲染。

图13.26f 为路灯添加光照效果后的阳台和街景特写视图。记住使用Photoshop中Filter（滤镜）>Render（渲染）>Lighting Effects（光照效果）滤镜来点亮路灯。（提示：可以设置自己的素材图片文件夹，包括人物、街景、家具以及其他环境对象，便于之后使用Photoshop进行图像修饰。）

图13.27 巴黎多用途建筑，面包店位于角落处，楼上为居住公寓。

图13.28 巴黎多用途建筑，花店在圆角处，楼上为居住公寓。

图13.29 巴黎多用途建筑，拐角处有鱼肉市场、面包店、酒商店、奶酪店、熟食店和咖啡馆。公共区域的临时农贸市场每周开放三次。

图13.30 街头的Monoprix（不二价）商店。顶层的屋顶设有采光窗。

工具

- 使用SketchUp、Copy（复制）和Paste（粘贴）命令，我们研究了三种类型的联排别墅楼梯。
- 使用了半透明的图层追踪描边平面图，并展示了如何将其转换为简单的黑白图形。
- 使用SketchUp展示不同的城市元素，包括多用途建筑物。

关键术语

直行楼梯：直接从一层地板通往二层地板的楼梯，没有楼梯拐角平台。

转角楼梯：楼梯从一个方向开始往上，然后直角转弯，继续向上攀升。

之形楼梯：底部一半楼梯连接至拐角平台，然后转向继续攀升到二楼。

阶宽：单阶阶梯从前到后的宽度。

阶高：从一阶阶梯垂直到下一阶阶梯的高度。通常平等地划分楼层高度，每阶阶梯不超过8英寸。

练习

1. 为不同大小的阳台屋顶花园绘制景观规划图，尺寸从3英尺到8英尺深。

2. 对你所在社区的多用途建筑进行摄影调研，尝试根据商铺上方的住宅楼层数量了解零售市场状况。

3. 与上一章所研究的商业区位相似，了解多用途建筑中步行便利性对物业价值的影响。

4. 采用本章示例中的房间尺寸，布局和规划不同配置的联排别墅。

5. 尝试采用尺寸更大的模块，看看会有什么影响。比如，在更大的客厅中，是否要家具摆放得相互靠近，便于交谈？

6. 在一块区域展示公寓楼、联排别墅和单户房屋。一定要打开阴影，观察高层建筑对较低层和庭院的影响。注意较高建筑物的放置位置，使其阴影不影响较低的建筑物。

艺术馆

Pappageorge Haymes Andersonville联排别墅

23间现代的双层联排别墅，位于安德森维尔的北侧附近。双层联排别墅具有57英尺长的平面，这样可以容纳主要的生活空间，以充分发挥大型私人场地的优势。混凝土面板立面高度能够容纳落地窗。平面宽度有所变化，从15英尺到18英尺到20英尺，面积从1700平方英尺到2250平方英尺不等。主楼层拥有10英尺的楼层高度。

图G13.2 厨房/餐厅的线条透视图。

图G13.1 联排别墅和后花园视图。

图G13.3 将照片纹理应用于厨柜和地板。

图G13.4 导入3D家具和其他对象。

图G13.5 添加室外景观。

图G13.6 添加灯光并渲染场景。应用Filter（滤镜）>Render（渲染）>Lighting Effects（光照效果）滤镜制作灯光。

图G13.7 最终渲染效果。

Pappageorge Haymes多用途建筑

布里奇波特

这个长条状的多用途建筑位于芝加哥附近布里奇波特市的中心。这种大构造的建筑一直保持舒适的人口规模。收费停车场隐藏在建筑物的后面，行人到达停车场需要经过一座两侧是商店的大型拱形通道。地上周边很有活力，零售商店与住宅密度相匹配。

迪威臣街和克莱伯恩大街

这个六层结构的建筑设计与芝加哥迪威臣街和克莱伯恩大街的传统石制建筑环境充分融合，具有极简的工业特色。这种规划的建筑占据了迪威臣街和克莱伯恩大街的两侧，建筑适当向后缩进，有效拓宽了狭窄的人行道，形成宽敞可用的广场。其中较低高度的位置，表示此处为迪威臣街通往住宅区的通道。

图G13.8 街景渲染效果。

图G13.9 街道视角的渲染图。

图G13.10 设立人行道咖啡馆的多用途建筑街道视角。

图G13.11 街道视角1。

艾灵顿

这座300英尺长的多用途建筑位于底特律的文化艺术区，座落在历史悠久的伍德沃德大道的角落。多用途公寓大楼规划的二期工程占地4.5英亩，其中包括一个六层停车场结构，拥有1000个停车位，服务于周边社区和商业区。

图G13.12 街道视图2。

Jean-Paul Viguier：法国梅茨多用途建筑项目

该多用途建筑项目共80000平方米，其中包括商店、办公室和住宅。功能的融合将创造出更加繁华和富有活力的城市氛围，降低高峰和非高峰时期的差异。这个项目位于火车站和蓬皮杜中心附近，形成了这座以人为中心的城市的一道风景，多用途功能覆盖全天24小时。

图G13.13 多用途中心的街道视图。

图G13.14 夜晚的多用途场所。文化中心和多用途商业/住宅中心。

图G13.15 场地和人物视图。

图G13.16 购物中心的室内大厅，配置了前厅和曲线楼梯。

图G13.17 前厅上方的办公室。

图G13.18 一楼接待区域。

PART IV

场地和景观环境：社区、居民区和商业区

在第三部分中，我们已经介绍了很多种场地设计，展示了如何在设计过程中将绘图技术的综合运用作为设计的一部分。在第四部分，我们将讨论场地和环境如何影响住宅内部，以及一个完整社区的构成要素（第14章）。然后我们将研究芝加哥洪堡公园区域的一座基于交通导向的社区多用途建筑设计案例。我们将展示如何将SketchUp和Photoshop应用于真实社区中的规划设计。你还将掌握Google Earth工具的使用方法，并学会将SketchUp模型导入Google Earth（第15章）。

CHAPTER 14

场地和景观

街道将城市区分成了不同的街区，街区又界定了很多不同的场地，场地则决定了建筑项目的走向和设计。而所有这些都会对进出住宅房屋内部形成巨大影响。

目标

- 采用第一、第二和第三部分介绍的工具来演示景观和街景如何影响场地和住宅规划设计。
- 学习从SketchUp中导入景观组件，比如树木、灌木、花卉、人物、汽车和其他交通车辆。
- 了解如何将景观、街景和照片拼合到设计的模型中。
- 了解街道、场地与设计项目之间的关系。

概述

住宅通道要通过场地布局规划事先设计好。住宅设计的优劣与进入住宅单元的方式和街景直接相关。丰富而有趣的街头生活环境可以带来安全和谐的秩序，一个安静、优美的街道可以为家庭带来平静的氛围，这正是客户想要的选择。

本章展示了如何细分场地，规划各种住宅出入顺序。这些设计会形成不同的住宅密度以及高度。显然，在郊区或边缘城市地区，因为有较大的开放空间，更有机会拥有较好的景观。主要的挑战来自为高密度城市地区设计景观视野。我们将展示如何使用本书中介绍的手绘和数字图像技术，将景观与建筑环境充分融合并以视觉形式呈现出来，包括窗户、室内和阳台植物，以及街景等视图。

场地规划注意事项

在真正开始家居设计之前，要先考虑很多设计原则。必须要完成以下问题的解答：

- 是否有赏心悦目的视野？
- 是否有隐私空间？
- 入口是否能免受天气影响？
- 是否限制交通工具？
- 社区是否适宜步行？
- 对于住户来说是否需要汽车，一辆是否足够？

这些因素都要在场地环境和特定街景设计之前考虑清楚。

有活力、有魅力的街道

出入低密度单身社区、高密度公寓和多用途城市社区等不同的住宅社区，可能会有许多不同种类的街道和通道，这些出入方式各有优缺点，最终取决于客户指定场地的位置，但经济、安全、交通等因素都会对此产生影响。设计师应该充分考虑这些因素，为客户提供最佳的方案。

芝加哥州的State Street（国家大道）已因歌曲“State Street，that great street”而获得盛名。国家大道的最新装修引发了已被遗弃办公室的新一轮住宅设计发展浪潮，这些被荒废的办公室位于街道底商的上层。

图14.1 芝加哥国家大道（由Louis Sulliva设计）。

纽约也发起了一系列的街景革新，使城市更有利于24小时居住、娱乐和商业活动。

图14.2 曼哈顿共享空间街道，其中展示了汽车、自行车骑行者和人行道旁边的咖啡馆。

旧金山在街头开辟了一些停靠点，用于缓解交通和提供更多的休闲空间。

巴黎街道可称得上多用途住宅和商业建筑的模板。虽然建筑物不是特别高，大约六层楼高度，但密度很高，与活跃和丰富的街道生活相适应。要想提高居住在底商上层的居民生活质量，必须要控制好街道交通。

如果街道两旁只有住宅，同样可以建造非常有吸引力和豪华的景观，一些客户会选择这样的住宅。只要规划得当，同样可以将这些住宅街道设计成类似于商业街的通道。

图14.3 旧金山街头的停靠点。

图14.4 巴黎街景，商业市场上方为公寓。

图14.5 巴黎，高档住宅位于商店上层。

图14.6 芝加哥居民区街景。

街道和场地类型

无论是高密度社区还是低密度的社区，主街是绝大部分社区的生命线。一般来说，主街是一条宽阔的街道，大约有100英尺宽，理想情况下，主街应该具有大街的特征，中间有隔离带，两侧有宽敞的人行道用于开设咖啡馆。中间的隔离带能够为穿越街道的行人提供安全停留区，增强交通的安全性。如有可能，还可以设置受保护的自行车道。Institue of Transportation Engineers（交通工程学会）决定道路的标准。工程师现在逐渐认识到按照完整街道的标准规划和开发街道的重要性，其中包括步行舒适性、交通安静、街景应用和景观美化，而不是单纯的交通解决方案。

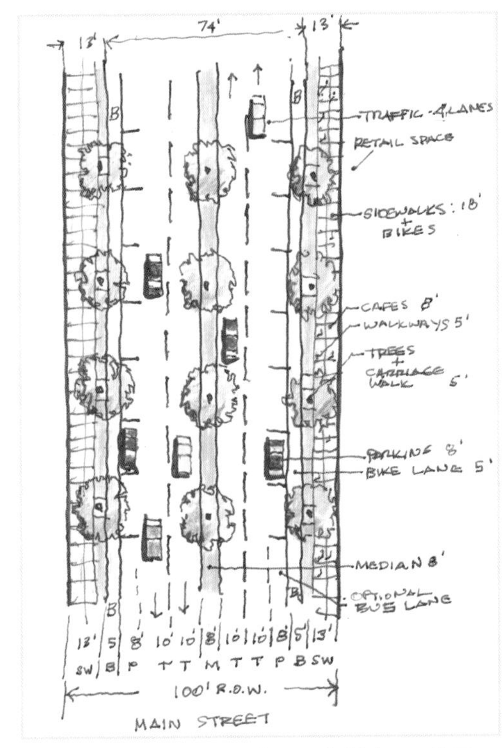

图14.7 主街。典型的多用途住宅/商业街区，街道宽100英尺，中间隔离带宽8英尺，设有左转车道、13英尺宽的人行道和咖啡厅空间，5英尺自行车道，中度到重度的交通流量，并能够提供公共交通车道。

二级街道一般较窄，宽度约60英尺。二级街道可以有多种用途，包括小型零售店、多用途建筑或单纯的住宅。二级街道一般更加安静，交通量比主街少。理想情况下，二级街道与主街相近，之间只有较短的步行距离。从二级街道可以进入商店和商业繁华的主街。二级街道上允许骑行自行车，但通常与汽车车道重合。

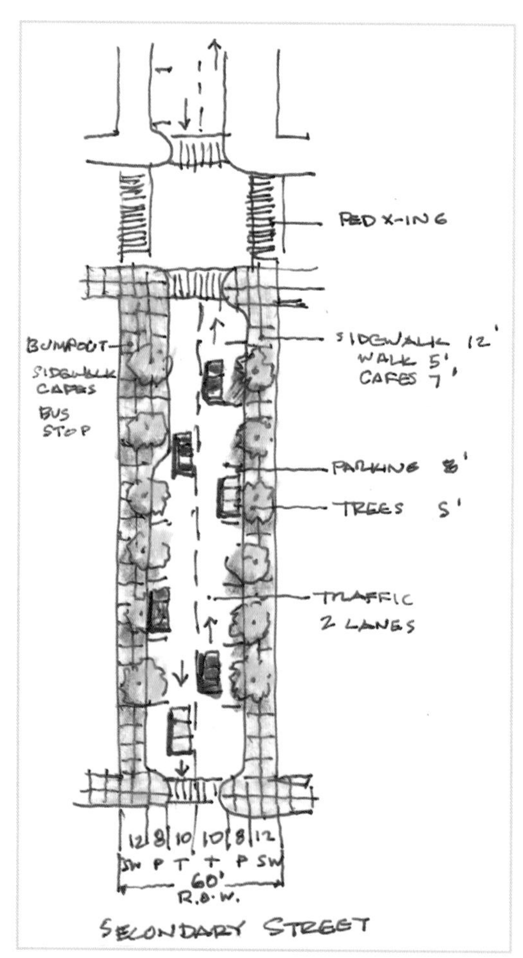

图14.8 二级街道。这是典型的城市或郊区街道。街道两侧可以为商业/住宅组合，也可以只有住宅功能，中度到轻度的交通流量。

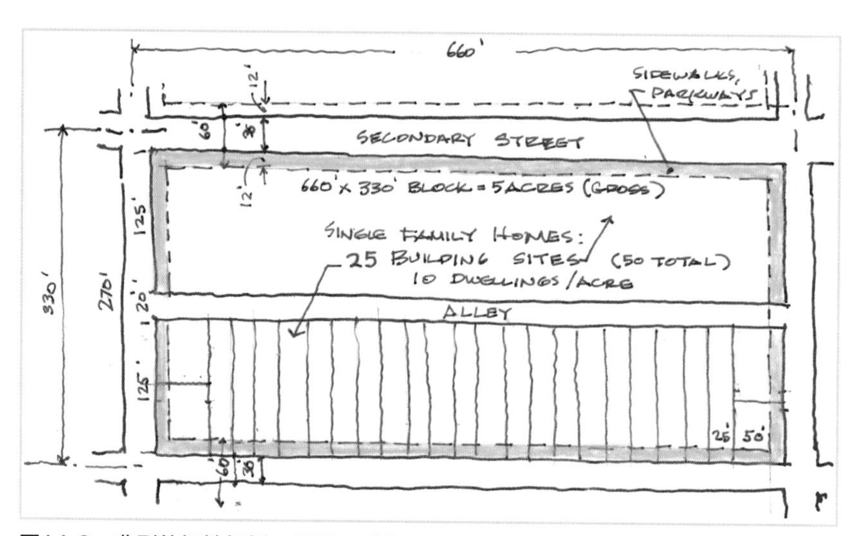

图14.9 典型的场地规划。场地尺寸为330×660英尺，占地面积5英亩。后面为通道，这是狭长场地的标准布局，角落处有方形场地。

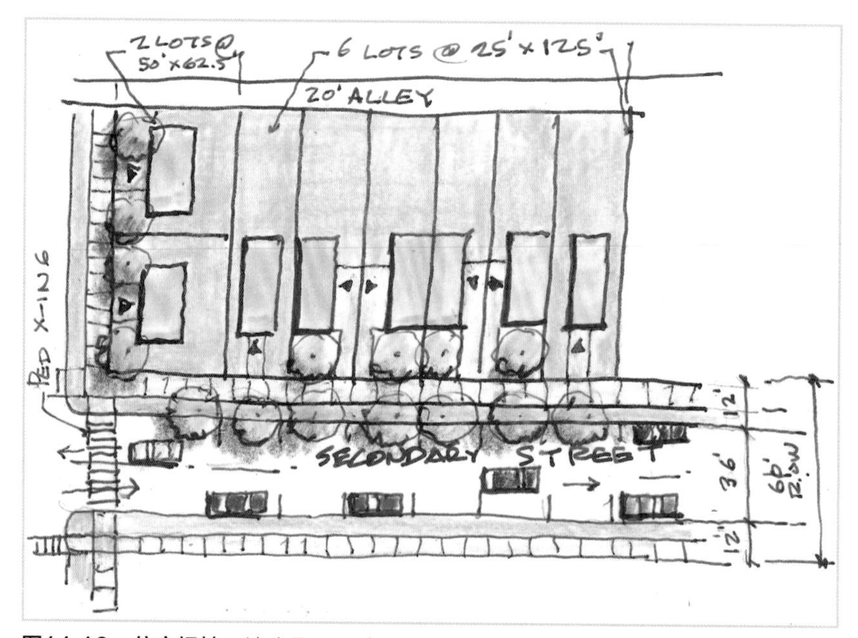

图14.10 住宅场地。这张平面图中展示了二级街道旁边典型的各种类型低密度住宅。注意对比侧入口和前入口。

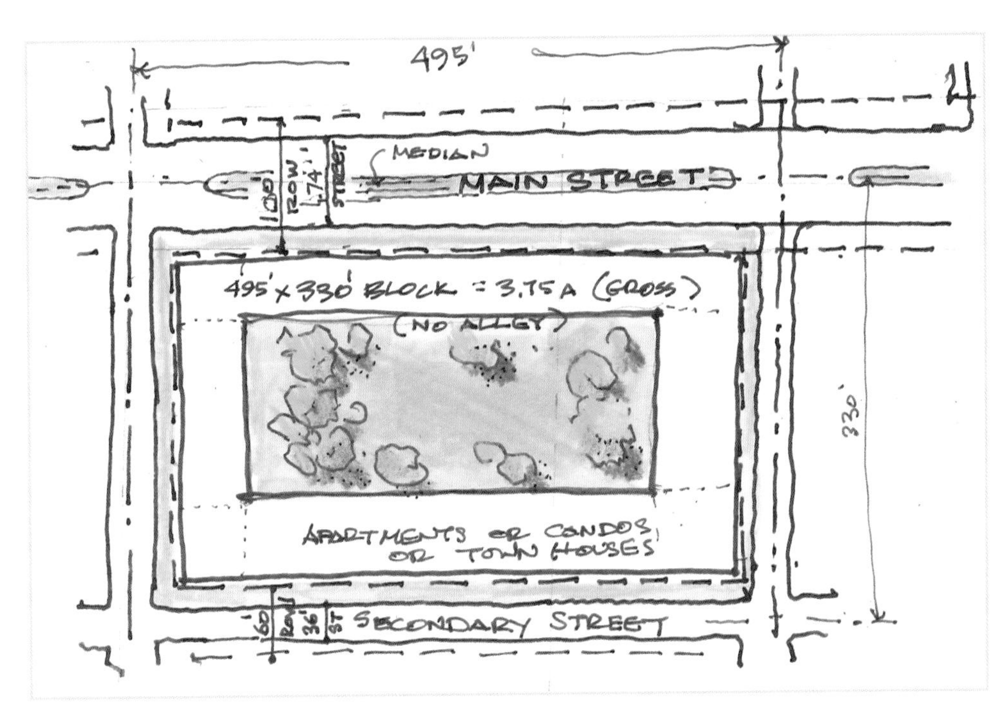

图14.11 长方形场地。长方形场地能够设置更多的路径便于行人行走，这样可以减轻交通压力。平面图中没有走道，所以住宅区必须要独立，便于垃圾的收集和转移。这种情况的场地，垃圾的中转一般通过前门，有时通过庭院的出入口，会影响到住宅区的出入。

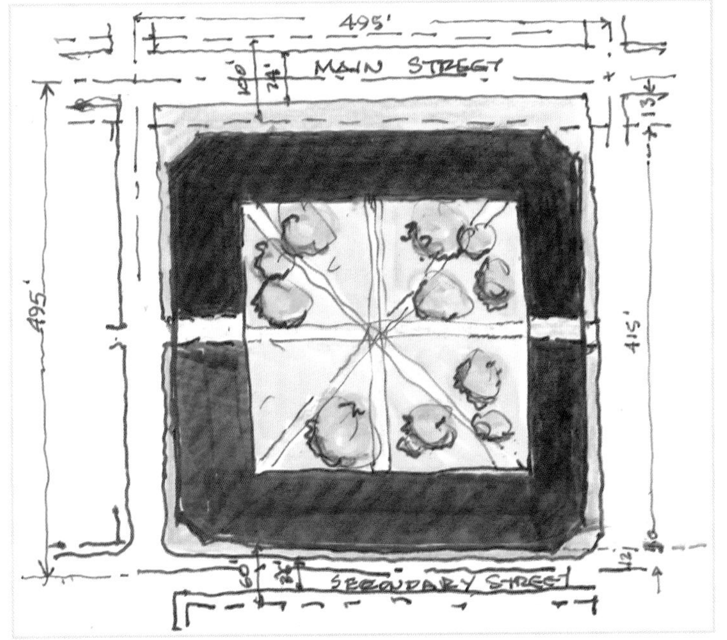

图14.12 正方形场地。这种场地平面图与前面相同，只是尺寸较小。这个尺寸与巴黎和旧金山示例中的场地尺寸相似。在这个场地中创建密度较高的城市场地规划。入口在前面。

需要注意的是，丘陵地形的社区，其街道走向不规则，可以将曲线和角度融入自然景观。像巴黎、旧金山和纽约这样的城市，都有这种丘陵地带，其中的街道模式更像蜘蛛网，而不是网格。下一章我们还将展示使用SketchUp Sandbox（沙盒）工具和谷歌地图进行丘陵场地的家居设计。

关键术语

模块：尺寸标准化的场地。

主街：社区中的主要商业街，承担相对较重的交通压力。

二级街道：较小的街道，承担中度到轻度的交通流量。

练习

1. 将5英亩的街区以各种方式细分出单身家庭住宅区。将通道用于停车或内部步行通道。

2. 为其他选项绘制出不同大小的区块。细分成较小的区块，能够创建出更多的街道，提高步行的便利性。在高密度社区规划中经常采用这种方法。

3. 尝试制作公寓建筑的规划平面图，其中显示一个或多个这样的区块。建筑物的高度可以根据需要进行设计。

4. 展示这些不同区块配置的景观规划。怎样将场地规划、街景和景观相互整合？

5. 如果你有SketchUp Pro版本的软件，可以尝试设计不同的丘陵场地社区，并探索使用Terrain（地形）工具。

艺术馆

以下是SketchUp的地形建模说明示例，在示例中准确创建了丘陵地带模型（由Patrick Rosen Architect提供）。打开SketchUp Pro软件，将Google地图图像导入SketchUp（适用于SketchUp Pro软件），并制作地形图。

图G14.1 步骤1。添加一个地理位置：这里选择加利福尼亚州Death Valley（死亡谷）。

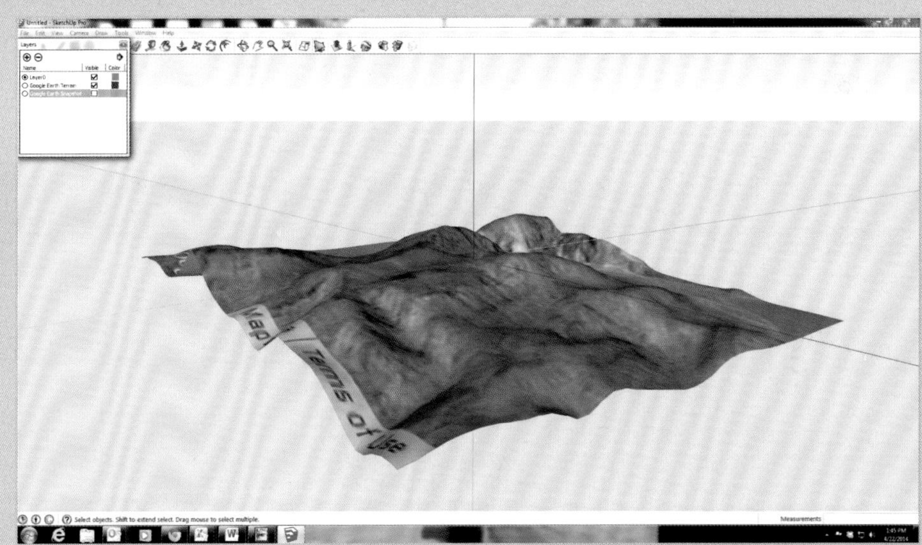

G14.2 步骤2。单击弯曲的地图图标，导入地图至SketchUp Pro中。

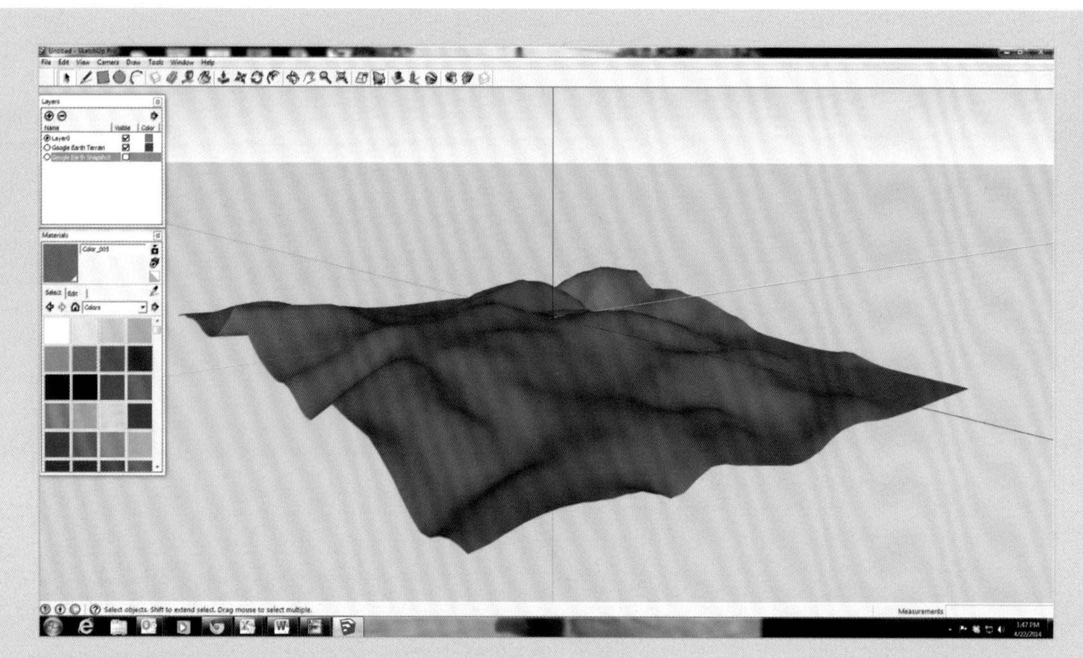

图G14.3　步骤3。选择Windows（窗口）> Layers（图层）命令。隐藏谷歌地图截图所在的图层，确保谷歌地图地形图层可见。隐藏截图并选择地形图。

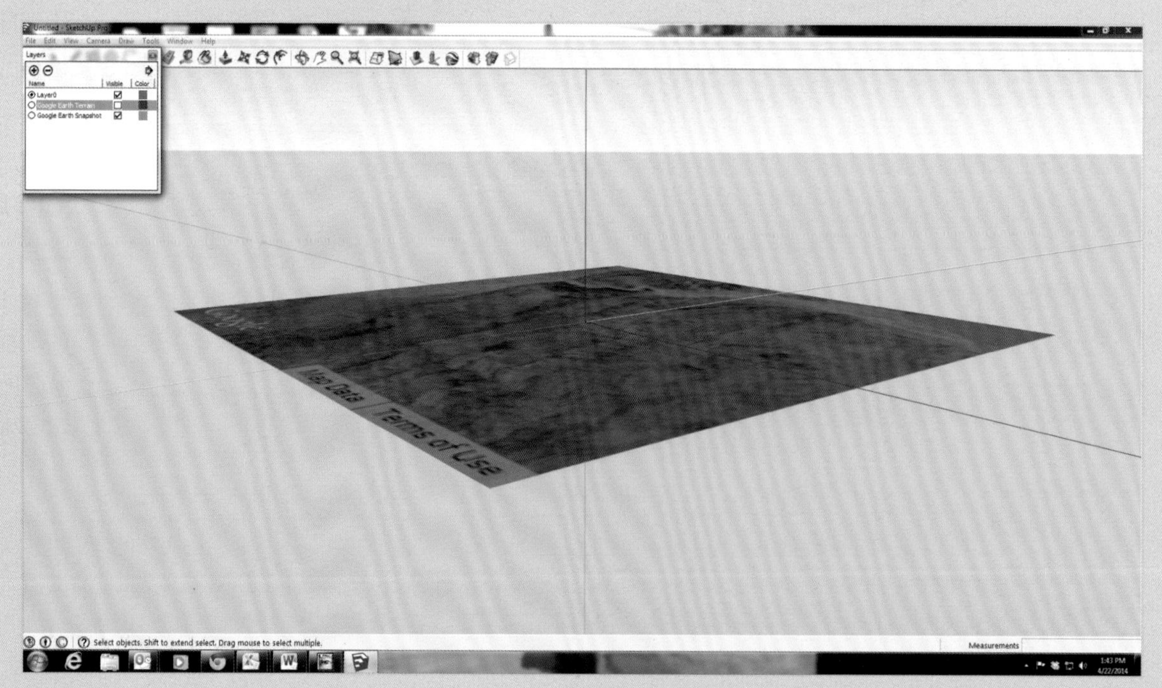

图G14.4　步骤4。之后右击，选择Edit Group（编辑群组）命令，在Materials（材料）面板中将其填充为灰色。

CHAPTER 15

将建筑置于环境之中

目标

- 应用第13章设计的多用途建筑，将其放在芝加哥西城洪堡公园的真实社区环境中。
- 使用SketchUp中大量建模技术来研究建筑物的体积。
- 了解多用途建筑和将被放置到的社区两者之间的关系。
- 了解将SketchUp模型导入Google地图的技巧，从而在虚拟环境中显示建筑物。
- 了解如何使用Photoshop调整图像，并使用Photoshop模型的手绘草图进行演示。
- 了解添加到主街道的新建筑物与毗邻的住宅区之间的关系。

概述

本章与前几章略有不同。我们会应用手绘草图，在SketchUp中进行建模，并使用Photoshop完成案例，此案例比之前章节案例的尺寸更大。本章中，我们将会了解除上述三种技术之外的第四种技术：分析思维。我们在确定相关案例研究，并在设计工作中做出各项选择时，都需要用到这种分析思维。

案例研究：洪堡公园多用途社区中心

选择此场地的原因

洪堡公园周边社区中一部分建筑已经年久失修或荒废了。但是，社区位于城市中较好的地段，已经出现了欣欣向荣的迹象。我们认为，如果在社区中毗邻洪堡公园处建立一座全新的、有活力的多用途住宅/商业建筑，将有助于正在复苏的社区活力，并使社区更加生机勃勃，更加适于步行。研究区域约有一平方英里，即640英亩。

图15.1 地图：芝加哥西区公园系统和林荫大道。

1871年，建筑师William Le baron Jenny在Frederick Law Ohnsted的启发下完成了整体规划。按照Jenny的设想，一系列公园以林荫大道相互连接。1885年，有“草原风情建筑院长”之称的Jens Jensen开始着手建设公园，最终建成了历史上美国公园系统中最重要的公园之一。[1]

以下是地图图示，将Google地图图像和3D SketchUp建模结合起来，以协助完成洪堡公园以北的综合发展规划。

- 边界位置为北部到布鲁明戴尔，东部到洛克威尔，南部到奥古斯塔，西部到金博尔。
- 洪堡公园西城区的平均人口密度为18000人/平方英里（相比之下，芝加哥总体平均每平方英里约11,919人）。

图15.2 横跨迪威臣街道的门形雕像。

图15.3 北大街的街景，视角方向为向西。

1. 湖芝加哥公园区网址：http：//www.chicagoparkdistrict.com/history/city-in-a-garden/west-park-system/

社区中心

我们选择了这个场地的中心区域，洪堡大道和北大街的交汇处，作为社区中心的位置，因为这是从社区到公园的主要连接点。这座社区中心是一座具备零售和娱乐功能的大楼，我们将设计洪堡咖啡馆和洪堡公园电影院作为社区的主要景点。首先，绘制正常视角的场地草图，如图15.4a-图15.4d。

图15.4a 北大街和洪堡大道的手绘草图。在洪堡大道和Kedzie之间有三条与北大街相交的街道，洪堡大道与加利福尼亚也有三条相交的街道。为了保持街道格局，必须把建筑物主体分散成四座分别位于洪堡大道一侧的建筑物，或者形成共八座建筑。

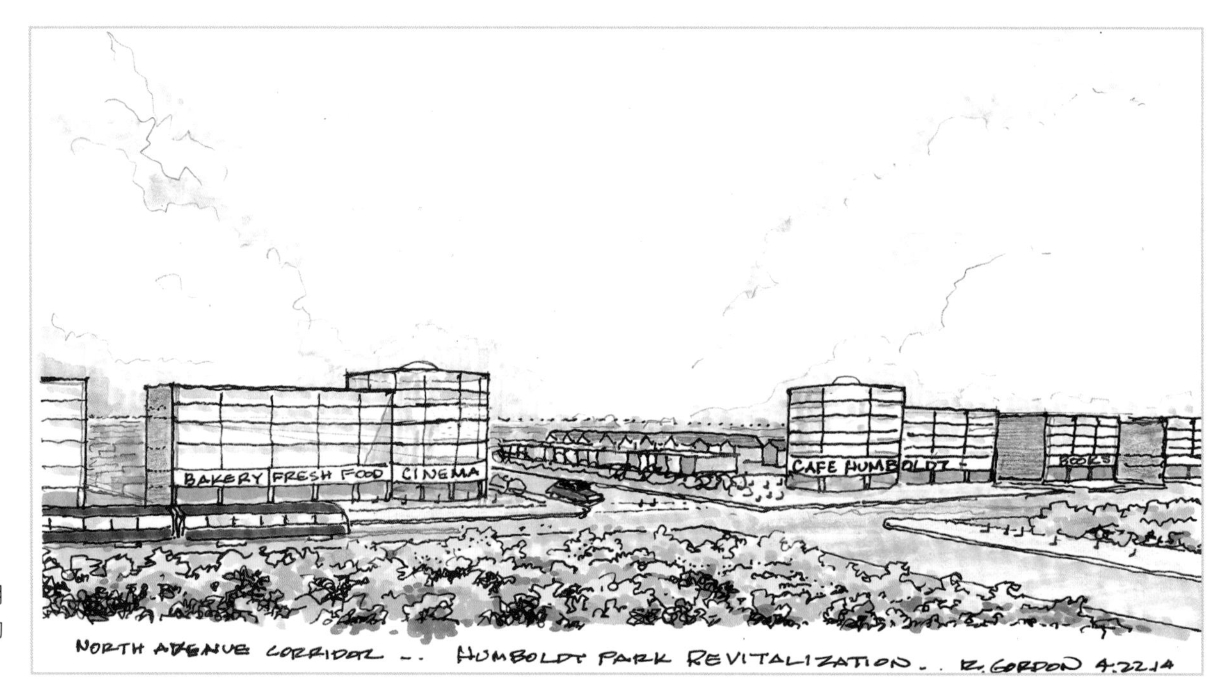

图15.4b 洪堡公园大门。使用SketchUp模型作为草图绘制的基础。

图15.4c 洪堡公园大门的俯瞰图，使用钢笔和墨水素描。

图15.4d 洪堡公园大门的俯瞰图，使用马克笔和彩色铅笔着色渲染。

实现社区中心目标

- 建立社区中心将成为吸引人的焦点。
- 咖啡馆和电影院有助于振兴社区中心和街道。
- 商场和面包店将为居民提供新鲜食物。
- 居住在俯瞰洪堡公园的公寓中的居民可以享有公园和芝加哥市中心的壮丽景色。整个社区将受益于不断增加的人气和商品供应。
- 北大街上的通勤巴士或巴士快速公交将为有需要的居民提供服务，并可以一定程度减少汽车拥堵。
- 清晰划定的人行横道营造出洪堡公园安静交通的环境，营造一个安静、安全的行人氛围。北大街中心种植的隔离带，建立起一条林荫大道，让街道更显安静、更加安全。洪堡大道上的树木向外延伸，将社区中心与这座城市相融合。
- 交流导向型的发展规划，前往市区会更加便利。

环境规划的主体模型

之后，即可以开始在SketchUp中绘制主体模型。首先，建立一座位于北大街，能俯瞰洪堡公园的中层多用途建筑。北大街是一条主街道，公共交通位于此街道上。这里正适合采用高密度/多用途交通导向型的项目设计，但是因为它面对着一座公园，因此我们将其限制在六层楼高度。此外，我们希望保持现有的街道网络，因此，主体建筑必然要对着街道开放。参见主体模型（图15.5）和街道地图（图15.6）。

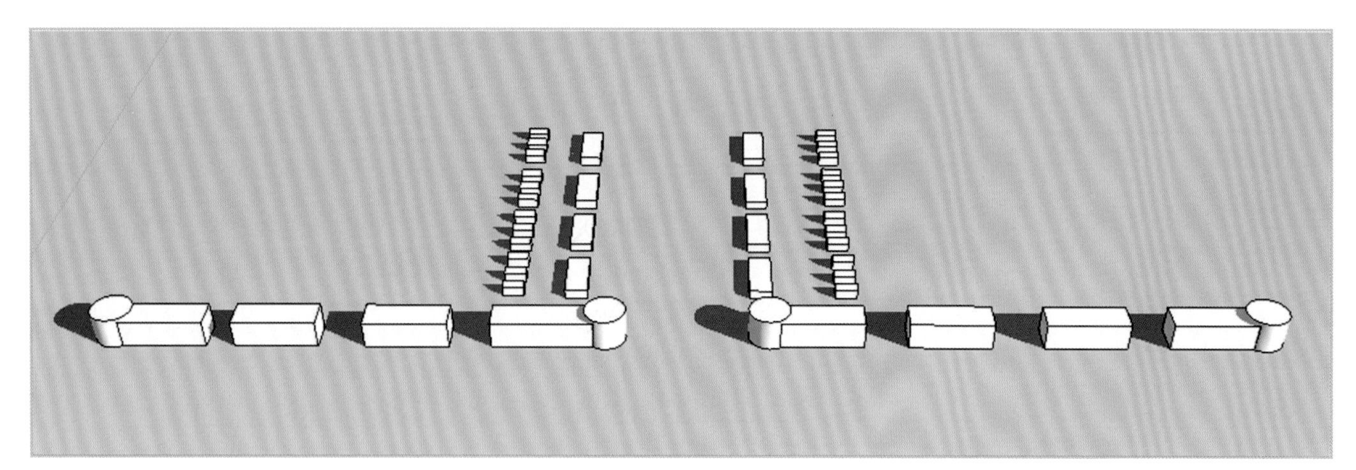

图15.5 从洪堡大道向北看，直通公园内部，制作一个简单的主体模型：北大街面向公园的中层高度住宅和沿着洪堡大道的低层别墅，以及当地街道上的平房。

图15.6 洪堡公园商业街的地图，显示了北大街与当地支线的连接情况。

案例中的主体模型

在完成建筑设计之前，我们需要对建筑物的体积及其在社区中的位置形成初步的想法。主体模型是一种概念设计模型，仅用于显示建筑物的体积，而不是精致的建筑设计。在这个案例中，将首先制作多用途建筑的主体模型，即毗邻北大街洪堡公园北边的商业/住宅/办公楼（应用现有的多用途建筑物示例形成需要的尺寸）。这种尺寸的SketchUp模型可能看起来过于简单，这是因为这些模型是主体模型，而不是精致设计的建筑模型（后面将会学习如何调整设计、添加细节，并在规划图中创建咖啡厅、电影院、商场、街头生活环境和公共交通工具）。

图15.7和图15.8中显示了如何将主体模型导入Google地图。图15.9至图15.22显示了3D SketchUp主体模型叠加在场地中的不同视图效果。图15.23至图15.34显示了SketchUp中社区中心的不同特写视图。图15.35至图15.42显示了添加更多细节后建筑物的手动渲染效果。

演示：社区外联

现在已经成功创建了社区的全新模型。通过与当地社区组织的联络，设计师可以对社区的整体规划产生积极作用，推进社区不断完善。通过使用本书中的演示工具，可以将人们所讨论的内容以图形展示出来。与所有涉及到社区的工作一样，这只是开始。社区会议可能会令人沮丧甚至愤怒，但是通过视觉工具，可以激发讨论，并有望帮助社区达成共识，从而推动社区得到改善。

关于历史意义的说明：芝加哥洪堡公园和西园系统（参见图15.6）

这个历史悠久的公园系统和社区，受到了不同时代最伟大的建筑师、工程师和景观设计师的影响：William le Baron Jenny、Fredrick Law Olmsted和Jens Jensen。它满足了这个远离芝加哥的湖滨公园和海滩且服务匮乏的社区对娱乐空间和景观的巨大需求。[2]

社区历史对当前的文化、发展和规划影响深远。人们总想让历史体现在未来规划中的任何地方。通过设置历史标志、重建历史建筑物或设计步行和购物街风格可以简单实现这种要求。在社区见面会之前了解这些问题是非常重要的。

将SketchUp模型导入Google地图的技术

现在，我们将把这个模型导入谷歌地图中，如图15.7（按照以下方向）来展示模型在真实环境中的效果。在不同的谷地图视图中，我们还可以将模型移动到不同的位置，以观察创建的模型。图15.9至图15.12为地图、Google地图图片和真实场地照片。图15.13至图15.22展示了如何结合使用SktechUp模型与Google Earth，使环境中的建筑物可视化，帮助完成规划过程（图G15.1-G15.8展示了如何结合使用SketchUp和Photoshop功能完善手绘概念性草图，并在同一场景中创建新的建筑物）。

现在，我们已经在SketchUp中完成了模型，可以将模型导入Google地图，以查看它们在真实或虚拟环境中的效果。首先，我们将使用Google地图了解该地区环境，并使用Google地图“俯瞰”社区，之后查看街道真实场景照片。只有熟悉了解该区域环境，我们才可能创建出自己认为合适的建筑模型，并将其导入到Google地图中。在这个过程中需要进行一些操作和调整，最终可以让设计师和客户得到满意的效果，也是比较实用的结果。

---

2. 芝加哥洪堡公园普查数据：http：//www.city-data.com/neighborhood/Humboldt-Park- Chicago-IL.html。芝加哥西区人口普查数据：美国人口普查，记录信息服务。

操作步骤

参照对应图示，按照步骤逐步操作。我们可按如下步骤将模型导入到Google地图环境中：

1. 打开SketchUp软件

a. 创建模型或打开已有模型。

b. 移除所有“光点”，得到清晰图像。选择Windows（窗口）>Styles（样式）>Edit（编辑）命令，取消勾选所有复选框。

c. 在SketchUp中添加Geo Location（地理位置）【选择File（文件）>Geo-Location（地理位置）>Add Location（添加位置）命令】或单击工具栏中的箭头图标。

d. 选择File（文件）>Export（导出）>3d model（3D模型）命令，将其命名，导出为COLLADA.dae（谷哥地图文件格式）至桌面上。这一步非常重要。

2. 打开Google地图

a. 定位至模型需要放置的位置，大致准确即可。

b. 打开从SketchUp中导出至桌面的dae文件。

c. 在Google地图中开启3D buildings（3D建筑）模式（照片真实级）。

d. 打开的dae文件将在Google地图中所选位置处显示。

e. 在区域内调整手柄，移动模型，使其精确匹配到场景中。

f. 也可以调整绿色轮廓线上的不同手柄来拉伸或放置模型。这需要多加练习掌握技巧，不过很有用。

g. 之后单击对话框中的OK（确定）按钮，以确定模型在Google地图中的最终位置。

h. 将图像保存到桌面上。将会得到一张jpeg格式的截图，之后可以在Photoshop中进行调整完善。

3. 打开Photoshop软件

注意：添加地理位置会自动开启Shadow（阴影）选项。默认情况下，绿色实线表示北向，绿色点线表示南向，红色点线表示西向。

a. 将图片以合适的分辨率（若用于电脑屏幕展示，可设为72ppi；若需要打印，则根据打印尺寸，设为200至300dpi）保存为Photoshop文件格式（psd）。

b. 可以采用本书前面介绍的Photoshop功能调整对比度、颜色和其他参数。

c. 还可以添加背景、文本和样式图层。

d. 之后将图像保存为jpg格式以备后期使用。Jpg格式将拼合图像并去除图层。

e. 保存带有图层的Photoshop图像文件，以备之后修改需要。

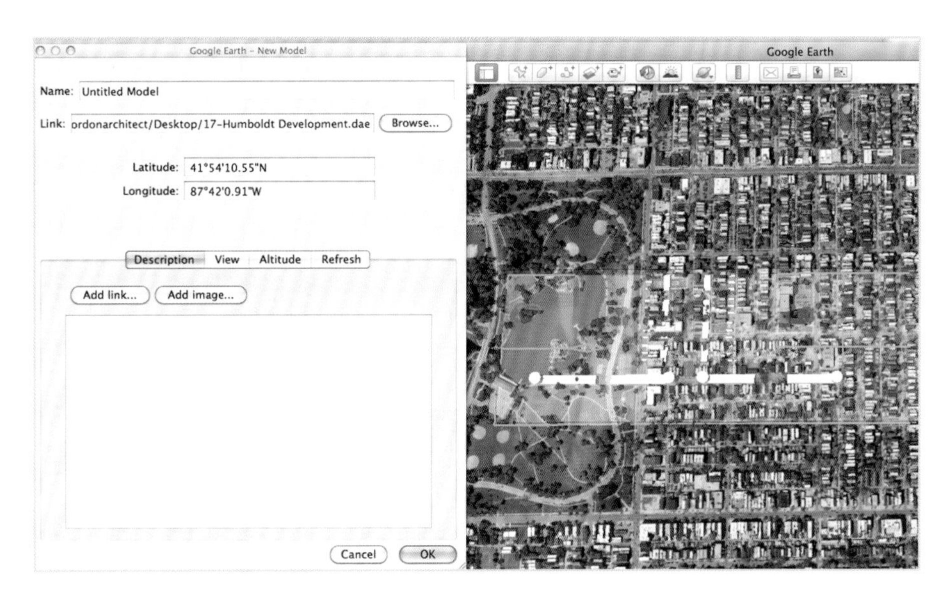

图15.7 在SketchUp中设置Geo-Location（地理位置）。选择File（文件）>Geo-Location（地理位置）>Add Location（添加位置）命令。将模型导出并命名为Collada.dae文件（详见上页内容）。打开Google地图。找到模型放置的大致位置。打开在SketchUp中保存的dae文件。

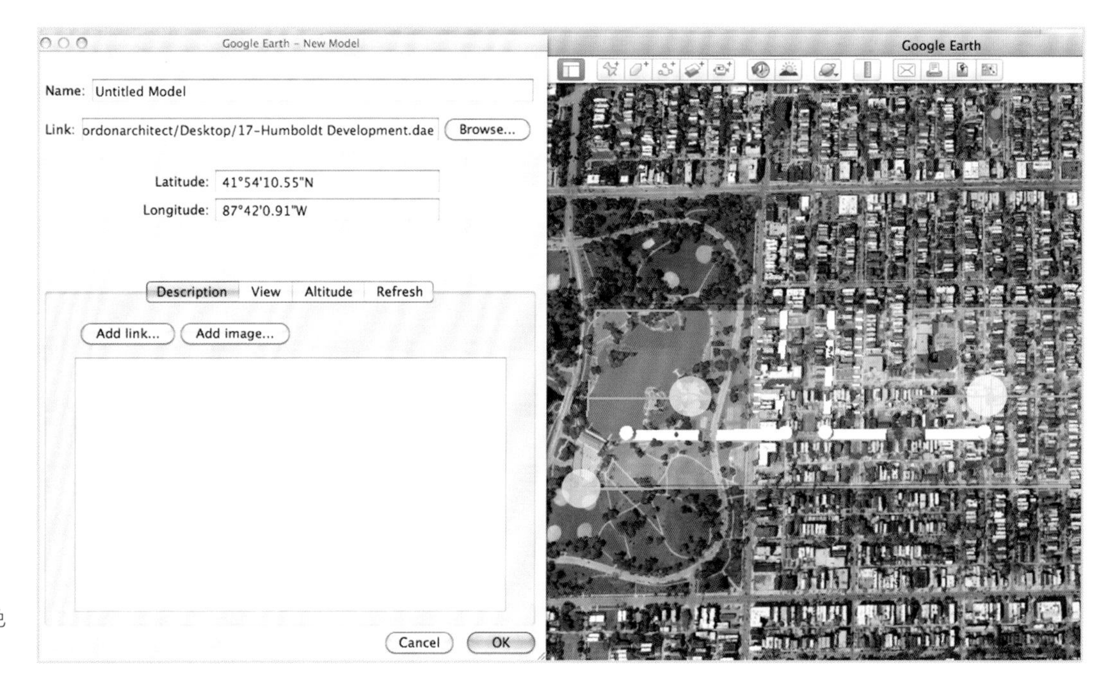

图15.8 在Google地图中即可看到模型。可以通过带有黄色圆圈的手柄移动模型、拉伸模型和旋转模型。

图15.9 洪堡公园俯瞰图。

图15.10 公园北部，北大街。

图15.11 北大街和加州俯瞰图。

图15.12 北大街和加州特写视图。

图15.13 北大街俯视图，显示了场地中的新建筑。

图15.14 放大视图，查看港口和公园的新建筑。

图15.15 在环境中查看模型，从洪堡公园北部向北看。

图15.16 放大视图，查看直通洪堡大道的入口。

图15.17 放大显示入口。

图15.18 北大街的西侧俯瞰图，显示了公园新建筑与周围社区的关系。

图15.19 入口的西侧斜视图。

图15.20 从公园东北角的俯瞰图。

图15.21 向西侧看北大街和公园。

图15.22 从社区南部看公园。

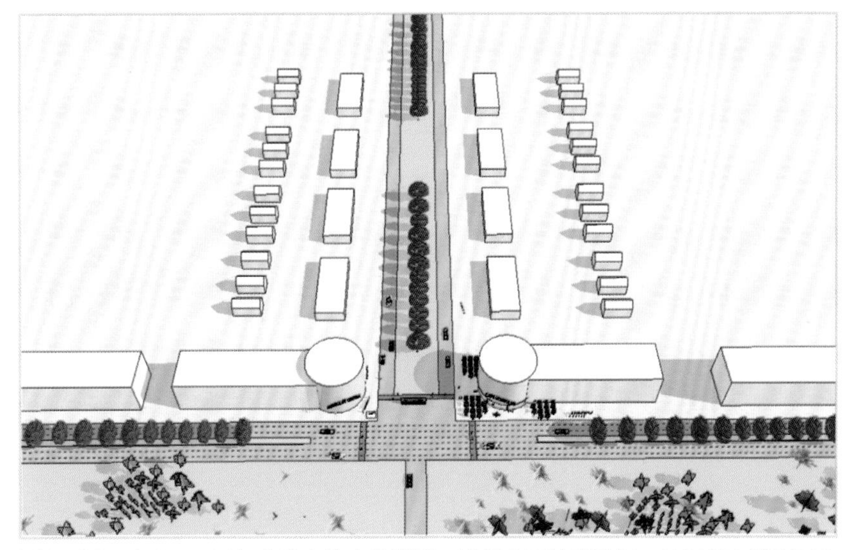

图15.23 在SketchUp中建立的主体模型。洪堡公园的俯瞰图，从洪堡大道面对北大街向北看。

图15.24 洪堡大道的低俯瞰视图。

图15.25 洪堡咖啡馆的低角度视图。

图15.26 隐藏了墙壁和屋顶的咖啡馆和电影院，显示了咖啡馆的内部座椅。

图15.27 北大街向东视图，显示了咖啡馆、人行横道和隔离带。

图15.28 行人穿越北大街和洪堡大道的交叉口。

图15.29 从公园看咖啡馆。

图15.30 电影院、街头汽车和公园。

图15.31 从社区看洪堡公园的俯瞰图。

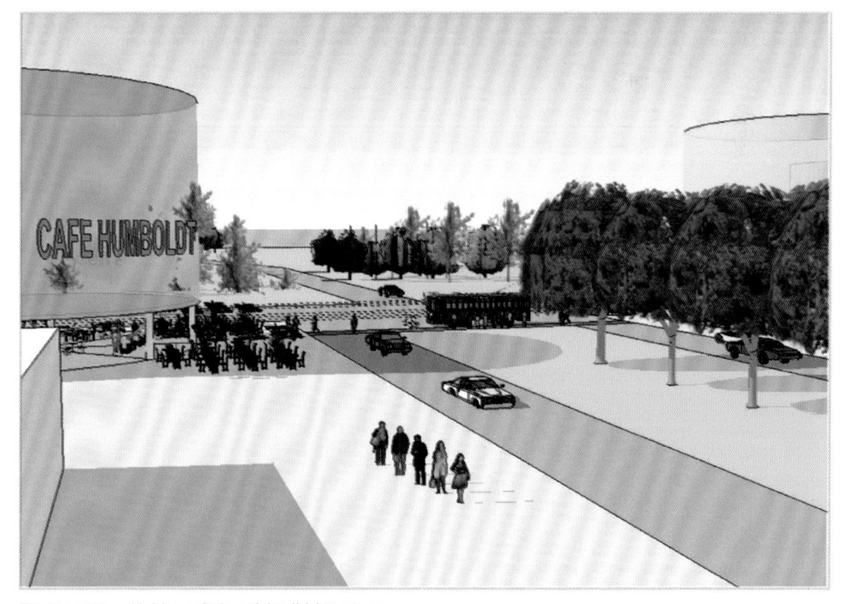

图15.32 从社区步行到咖啡馆和公园。

图15.33 从街道边树木看咖啡馆。

图15.34 从洪堡咖啡馆看电影院、街边停放的车辆和洪堡公园。

关键术语

低空飞越：使用一系列俯瞰视角照片或截图，展示低空飞越指定区域时看到的场景。此项技术的更高端用法是使用一段动画视频来展示。

快速巴士：一种综合公共交通系统，借用了轻轨交通系统的一些元素，比如专用车道、遮蔽的车站、售票厅及有限的依靠点。这要比建立轻轨便宜得多，但是能满足更多的交通需求。

主体模型：一种概念设计模型，只需要展示出建筑物的总体体积，而不需要细化建筑物设计。

交通导向发展：针对中高密度社区和/或商业建筑的设计，能够尽可能缩短人们步行到公共交通的距离。

社区协作：采用研讨会（应用图形工具的团体会议）来收集社区居民在设计和规划方面的意见建议的过程。

练习

1. 参加社区会议，以确定哪些问题对社区居民有影响并撰写报告。这会成为你的项目的基础。

2. 针对一个或多个社区中不同的场所，创建需要的各种SketchUp模型。

3. 准备一个PowerPoint或幻灯片演示文稿，展示需要向社区居民介绍的内容。在课堂上演示以得到反馈。

4. 练习口头表达能力。

5. 选择一个项目，在主体模型上，用手绘形式添加更多细节。

6. 尝试使用Google地图的其他功能：在iPad或电脑上使用Google地图进行场地注释。

7. 现在你可以探索其他城市和场地了。可以使用Google地图，在所在的城镇搜寻感兴趣的场地，并在图像上直接进行场地注释。使用数位板或iPad应用程序记录笔记。

（参见第13章的艺术馆中由Jean-Paul Viguier、Pappageorge Haymes设计的多用途建筑。）

艺术馆

如下是北大街的照片，以及可能会新建的建筑物和重新构建的多用途建筑物模型的着色渲染图，这些建筑将使街道更适宜步行。

图G15.1 真实存在的洪堡大道和北大街场地。

图G15.2 通过在照片上手动渲染，展示洪堡大道和北大街上可能会新建的电影院。

图G15.3 加油站打断了步行通道的连续性，将其替换成富有生机的街道建筑，比如咖啡馆、商场或五金商店。

图G15.4 北大街和Kedzie新建的商场，添加了植物和步行前往公园的行人。

图G15.5 北大街上真实存在的汽车快餐店。

图G15.6 将汽车快餐店替换为餐馆，以保持街道风格的一致性。餐馆后方用于停车，而不是停在街道旁边。

图G15.7 北大街上真实存在的多用途建筑物。

图G15.8 手绘G15.7中的建筑物草图。这种类型的建筑可以放置在空置场地中，与街道规模和多用途特征相一致。

APPENDIX A

计算机辅助设计简史

背景介绍

以前，建筑师/设计师总是面临着如何开始设计的选择。有的设计师从手绘草图开始，之后在某个阶段将所有信息转换到电脑中形成设计文档，还有一些设计师直接使用电脑辅助设计（CAD）软件开始设计。两种方法各有利弊。手绘草图更加自由和富有创意，但是缺乏精确性。CAD则更加精确，更加严格，更讲究严谨性，因此缺乏自由和感性因素。

如今，你可以综合使用SketchUp将手绘草图与3D CAD绘图，之后可以通过Photoshop或Illustrator将草图和软件绘图结合起来进行展示。直到前些年，使用CAD还需要相当昂贵的价格获取软件和学习绘图技巧，且主要绘制2D图形。

从大约2000年开始，SketchUp软件开始广泛应用，最初这款软件标榜"适合每个人的3D软件"，并提供了免费下载。这是SketchUp软件和其他CAD软件的主要区别。SketchUp软件可以像其他CAD软件一样，让设计者直接在3D模型中精确绘制，而且是免费的！这款软件拥有自己的教程和可下载的家具模型库，非常易学。

在2006年，谷歌购买了SketchUp，继续免费向大家提供下载，并与自己的3D地图系统配套使用。SketchUp可以合并入Google地图以展示场地的真实3D效果。在2012年，Google将SketchUp卖给了Trimble，但依然保留免费下载。

本书中的项目使用了SketchUp 2014进行制作（SketchUp 2014和2015版本之间差别很小）。我们使用了SketchUp Pro版本制作了地形模型，但其他模型都没有采用这个版本。Pro版本更适合于建筑设计文档和导入AutoCAD图形，但是并不适合于本书中的设计案例。

我们使用Photoshop CS4版本介绍Photoshop操作。教师和学生可以选择更新至最新的Photoshop版本。虽然这些版本会有一些差别，但操作原理是相同的。

计算机辅助设计：简要年代表

AutoCAD年代表

官方名称	版本	发布	发布日期	备注
AutoCAD Version 1.0	1.0	1	1982年12月	采用DWG R1.0文件格式
AutoCAD Version 1.2	1.2	2	1983年4月	采用DWG R1.2文件格式
AutoCAD Version 1.3	1.3	3	1983年8月	采用DWG R1.3文件格式
AutoCAD Version 1.4	1.4	4	1983年10月	采用DWG R1.4文件格式
AutoCAD Version 2.0	2.0	5	1984年10月	采用DWG R2.05文件格式
AutoCAD Version 2.1	2.1	6	1985年5月	采用DWG R2.1文件格式
AutoCAD Version 2.5	2.5	7	1986年6月	采用DWG R2.5文件格式
AutoCAD Version 2.6	2.6	8	1987年4月	采用DWG R2.6文件格式。最后一个未采用数学协同处理器的版本
AutoCAD Release 9	9.0	9	1987年9月	采用DWG R9文件格式
AutoCAD Release 10	10.0	10	1988年10月	采用DWG R10文件格式
AutoCAD Release 11	11.0	11	1990年10月	采用DWG R11文件格式
AutoCAD Release 12	12.0	12	1992年6月	采用DWG R12文件格式。在2010年之前，面向苹果系统发布的最后一个版本
AutoCAD Release 13	13.0	13	1994年11月	采用DWG R13文件格式。面向Unix、MS-DOS和Windows 3.11系统发布的最后一个版本
AutoCAD Release 14	14.0	14	1997年2月	采用DWG R14文件格式
AutoCAD 2000	15.0	15	1999年3月	采用DWG 2000文件格式
AutoCAD 2000i	15.1	16	2000年7月	
AutoCAD 2002	15.6	17	2001年6月	
AutoCAD 2004	16.0	18	2003年3月	采用DWG 2004文件格式
AutoCAD 2005	16.1	19	2004年3月	
AutoCAD 2006	16.2	20	2005年3月	
AutoCAD 2007	17.0	21	2006年3月	采用DWG 2007文件格式
AutoCAD 2008	17.1	22	2007年3月	引进注释对象。第一个面向X86-64位Windows（窗口）XP和Vista的版本
AutoCAD 2009	17.2	23	2008年3月	用户界面的修订版本，其中包括模拟Microsoft Office 2007选项卡式的界面风格选项
AutoCAD 2010	18.0	24	2009年3月24日	采用DWG 2010文件格式。引进了参数、3D实体模型网格。32位和64位的AutoCAD 2010和AutoCAD LT 2010均支持和兼容Windows 7系统
AutoCAD 2011	18.1	25	2010年3月25日	引进了曲面建模、曲面分析和对象透明度。在2010年10月15日发布了苹果系统的AutoCAD2011版本。支持和兼容Windows 7系统
AutoCAD 2012	18.2	26	2011年3月22日	阵列组合、预置模型
AutoCAD 2013	19.0	27	2012年3月27日	采用DWG 2013文件格式

故事板介绍

文件格式

AutoCAD的文件格式为.dwg。这种格式和它的交换文件格式DXF，在一定程度上，实际上已经成为CAD数据交互的标准。AutoCAD支持采用dwg文件格式发布CAD数据，这种格式是由Autodesk开发和改进的。在2006年，根据Autodesk的估计，在用的dwg文件已经超过10亿。在这之前，Autodesk估计已存在的dwg文件总数超过30亿。

历史

AutoCAD是由一款称为Interact的软件衍生出来的，这款Interact软件是由Michael Riddle采用专用语言（SPL）写出来的。这款早期版本运行在Marinchip Systems 9900计算机上。（Marinchip Systems由Autodesk合作创始人John Walker和Dan Drake所有）Walker向Riddle支付了1000万美元购买了CAD技术。

组建Marinchip Software Partners（之后为Autodesk）时，这位合作创始人决定重新使用C和PL/1编码Interact。他们选择了C语言，因为当时C语言有成为最广泛应用的语言的趋势。最后，PL/1版本并不成功，而C版本则成为当时最复杂的一款C语言软件之一。Autodesk不得不使用一款编译开发程序Lattice，以更新C语言，使AutoCAD能够运行。早期发布的AutoCAD采用的是原始的简单实体（例如线条、多边形、圆形、弧线和文本）来构建复杂的对象。直到1990年代中期，AutoCAD才通过C++ Application Programming Interface（API）支持自定义对象。

现代的AutoCAD中包含全套基本实体模型和3D工具。AutoCAD 2007版本包含了改进后的3D建模，提供了更佳的3D模型导航功能。此外，这一版本更易于编辑3D模型。增加了mental ray渲染器，这样使得高质量渲染成为可能。AutoCAD 2010引进了参数功能和网格模型。

1992–2010 仅用于PC上。

2010 引进3D建模。

（上述内容引自http://en.wikipedia.org/wiki/AutoCAD#History）

与此同时，苹果开始发布其自己的一系列CAD绘图软件。在1999年引入了SketchUp软件。下面是一些重要日期：

1984 MacDraw是一个矢量绘图应用程序，与1984年第一个苹果Macintosh系统一同发布。MacDraw是第一批可以与MacWrite协作的"所见即所得"绘图程序之一。MacDraw可用于绘制技术图表和平面图。这款软件由Claris在20世纪90年代初进行了改编，所发布的MacDraw Pro版本支持彩色功能。MacDraw是MacPaint的矢量版本。

（以上内容引自http://en.wikipedia.org/wiki/MacDraw）

1986 ArchiCad

1986 第一个集成2D/3D功能的版本

1987 第一个具有色彩功能的版本

（以上内容引自http://www.archicadwiki.com/ArchiCAD%20versions）

1999 SketchUp——初步开发

SketchUp由科罗拉多州博尔德的创业公司@Last Software开发，这家公司由Brad Schell和Joe Esch于1999年共同创立。2000年8月推出SketchUp，作为3D内容创作工具，标榜"适合每个人的3D软件"。软件的创作者设想将这款软件设计成"可以模拟出用笔和纸在简单而优雅的界面上创作的感觉和自由，使专业设计人士能按他们想要的方式绘制图形，能带来乐趣且易于学习，可以让设计师摆脱传统设计软件束缚，以设计为消遣"的一款软件。这款软件具有友好的用户按钮，更易于使用。[1]

（以上内容引自http：//en.wikipedia.org/wiki/SketchUp）

1. 在2012年4月，Google将SketchUp卖给了Trimble，但这款软件依然保持免费下载。有关详细信息，请参阅以下文章：http://www.sensysmag.com/spatialsustain/why-did-trimble-buy-sketchup-and-why-did-google-sell.html。

APPENDIX B

紧急避难所设计和可持续应用

建筑师和设计师可以在灾难发生之前、期间或之后的连续过程中发挥核心作用。他们可以设计并在出现紧急情况前建造出理想的紧急避难所。可以将这些避难所置于可持续发展的位置（例如不在洪水区），这样可以在出现紧急情况时立即使用。在紧急情况结束后，也可以保留紧急避难所，而不是像其他临时居所那样被拆毁扔到垃圾填埋场。

设计师可以应用草图和3D数字模型，与那些看不懂平面图的群体快速沟通设计想法，为其提供有价值的信息。通过数字图像分享设计思路，可以将保健、交通、教育、农业等领域的规划结构可视化，从而帮助他们实现社区共同目标。

如果这些灾难不会发生，这样当然最好不过了，但是由于这些避难所真实存在，且毫无疑问会一直存在，所以我们还是要思考如何利用这些紧急避难所来改善我们的建筑和社会生活。

附录B中，设计人员将使用新的数字工具，为社区成员提供有价值的投入。他们能在发生危机之前帮助改善受灾环境，也能在危机结束后，保持紧急避难所的使用价值。

紧急/多用途房屋

这种类型的住宅可以用于紧急情况，但在危机之后仍然会保留存在。这种房屋也可以是建造大房子的基础。不会有任何浪费：150平方英尺，融合生活、餐饮、厨房和睡眠区，还有一个带淋浴的紧凑型马桶。这种多用途房屋可以用作岳父岳母的房间，也可以用作回家居住的成年子女的房间或者作为租赁房间。[1]

1. 这种结构的设计创意来自我的研究生Daniel Heckman的论文项目。

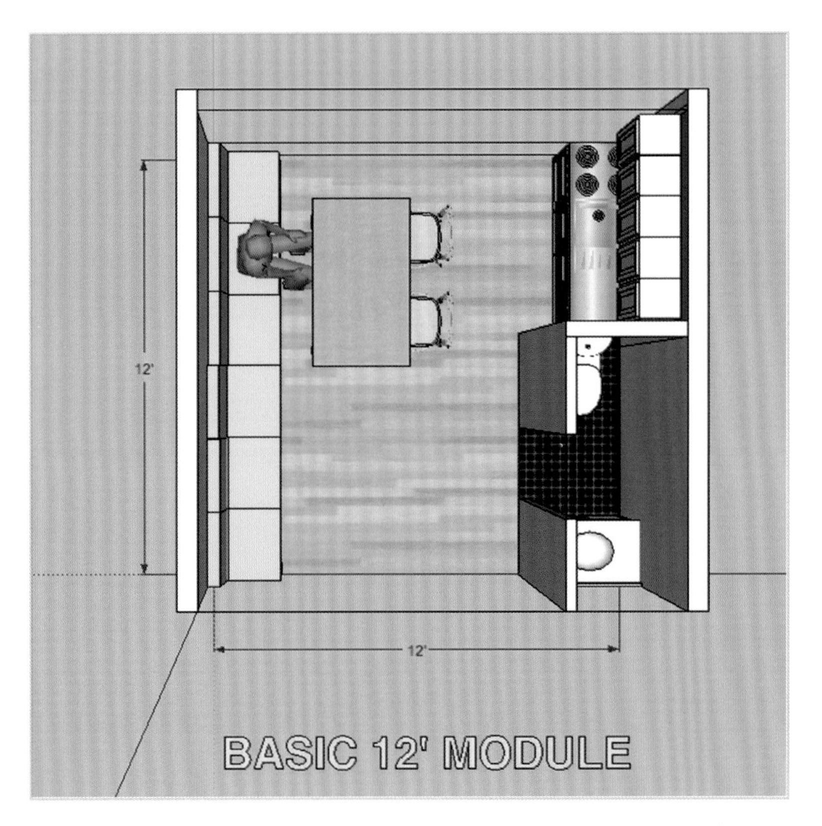

图B.1 紧急避难所的平面图，150平方英尺，其中包含厨房、餐饮区、生活区、睡眠区和沐浴区。

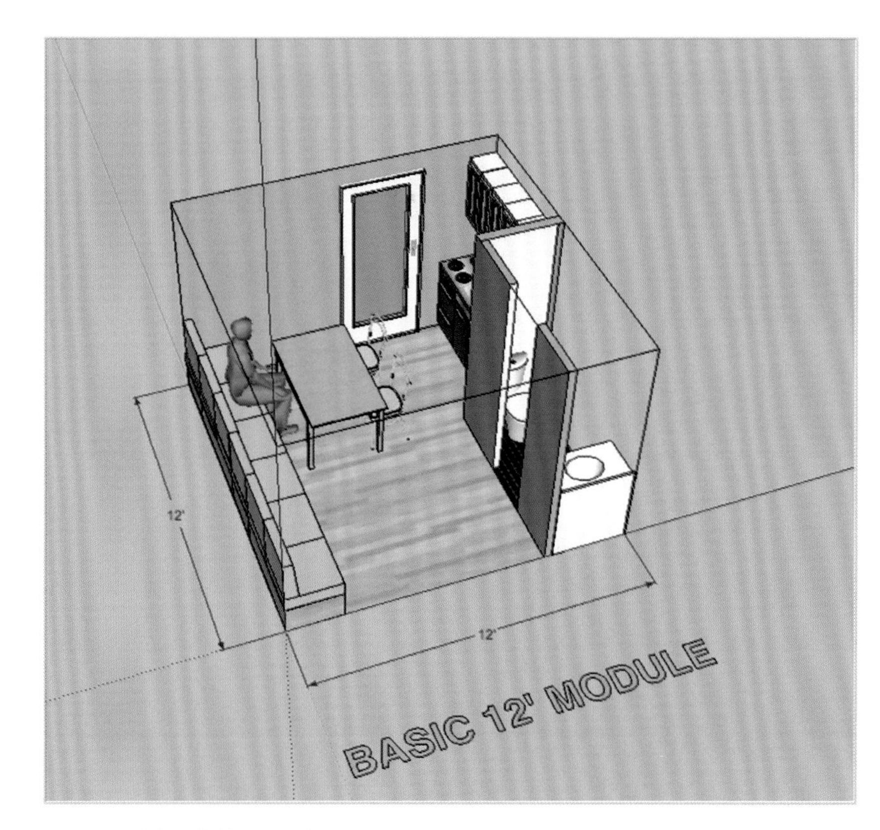

图B.2 避难所的俯瞰图。长凳可以拉出用来睡觉。

Sandbox（沙盒）工具

在某些情况下，你可能需要在易受洪灾的平原场地上堆起新的地形，这时你可以使用沙盒工具。我们可以使用Sandbox（沙盒）工具在景观中显示轮廓，例如在第12章艺术馆中Patrick Rosen的“沙丘之家”实例。沙盒工具内置于免费下载的SketchUp软件中，但需要专门激活这些工具。在SketchUp图标的下拉菜单中，选择Preferences（首选项）命令，弹出对话框，并显示Extension Options（扩展选项），向下滚动并勾选Sandbox（沙盒）工具旁边的复选框即可。

操作步骤

1. 首先，设置Preferences（首选项）>Extension（扩展）>Sandbox Tools（沙盒工具）>From Scratch（从划痕）>Grid Spacing（网格间距），将其设为10英尺（取决于面积的大小）。

2. 然后选择Edit（编辑）>Edit Group（编辑组）>Explode（分解），分解网格。

3. 选择网格上的一个区域，然后单击或三击（不确定哪种操作效果更好），这将激活网格的黄色部分，可以单独移动。

4. 使用Move（移动）工具抓取部分模型形成不同的高度。

5. 右击并选择Smooth（平滑）>Soften building edge（柔化建筑边缘）或Co-Planar（共面）命令。

（如果要将jpg文件导入沙盒，则可能需要先分解图像，使沙盒轮廓可以穿透图像。）

图B.3 Patrick Rosen的“沙丘之家”（参见第12章）是沙盒工具的应用实例。

CONCLUSION

后记

这本书旨在成为设计和设计演示新时代的全新工具，书中介绍了三种独立的渲染技术——手绘、SketchUp和Photoshop，并展示了如何将这些不同的技术整合在一起综合使用，制作出最好的室内设计作品。一直到最近，整合这些手绘和数字技术的思路颇受争议。许多设计师在某种程度上严重倾向于一种或另一种技术，并形成了教学的理念。是什么改变了这种现象？是设计师/客户关系的实质和交流语言发生了变化。我们生活的这个时代中，不同类型的专业人士、从业者不断地扩大合作环境。

对于致力于解决社区范围的问题的团队来说，本书中学到的工具将具有重要的作用。通过3D数字图像分享规划设计，可以帮助设计师和别人分享保健、运输、教育、农业等领域的设计作品。设计师将能够更轻松地将图像可视化，展示出位于不同空间、不同环境的各元素之间的关系。

综合应用手绘和数字技术，是设计工作室和客户交流中的一种重要方式。作为设计师，你将能够以轻松可见的视觉方式，向非专业人士表达抽象、难以理解的设计创意。通过综合应用3D渲染技术，将手和键盘/屏幕结合在一起，让我们获得理想的设计效果和令人满意的设计作品。

综合绘图技术是我们尝试的更广泛、更包容的设计交流的重要方式。欢迎成为一名专业设计师！